たぬきの本

たぬきの本

里山から街角まで

村田哲郎＋中村沙絵＋南 宗明＋上保利樹＋萩野賢一（文）

共和国

たぬきの魅力とは

一　愛らしき動物タヌキ

「たぬき」の魅力は一体なんなのか。その魅力の根源にあるのは動物としてのタヌキの可愛らしさやユニークさだと私は思う。丸みをおびた体に短い足、ユーモラスな顔の模様、争いを好まない平和的な生き方、不器用そうに見えて都会でも生き抜くしたたかさを持つ。そんなタヌキを知れば知るほど愛らしく思ってしまうのだ。動物学的に見ると、生息地域がほぼ日本と東南アジアの一部に限られるので、世界的には非常に珍しい動物だ。決まった場所に糞《ふん》をして仲間とコミュニケーションをとる「ため糞《ふん》」と呼ばれるマーキング行動や、一夫一婦制で協力して行なう子育てなどユニークな生態を持っている。巣穴やエサを求めて都市部に現れることも多い。「同じ穴のムジナ」という言葉は、自分で巣穴を掘ることがなく、アナグマやキツネが掘った穴を使うタヌキの習性から生まれた言葉だそうだが、タヌキにまつわる慣用句やことわざがたくさんあることからも、いかに日本人とタヌキが密接に暮らしていたかがわかる。

二 人と付かず離れずの関係性

日本人にはおなじみのタヌキだが、犬や猫のようにペットとして人間と一緒に暮らしてきたわけではない。タヌキの毛皮は、筆の毛先、弓道のコテ、ふいご、金箔の延ばし、防寒着等の材料として利用されてきたが、食用としては美味しくないからか、一般的には家畜として飼育されることもなかった。人間の生活圏でよく姿は見かけるが、なでたり抱っこしたりする対象ではなく、家畜として管理する存在でもない。そんな付かず離れずのフリーな存在感が人々の想像力を掻き立て、「カチカチ山」や「分福茶釜」など数々の物語や浮世絵に描かれるキャラクターとなっていったのだろう。夜行性でユーモラスな姿が「化ける」というイメージにつながったのかもしれない。江戸時代以降は、ひょうきんな、すぐに化けの皮が剥がれるやや抜けたキャラクターとして落語などにも多数登場するが、やはり他の動物とは異なり人間と独特の距離感を保っているように思える。

三

たぬきの不思議なイメージ

村田哲郎

そんなタヌキのイメージは、ついには信楽焼に代表される狸の置物としてデフォルメされ、日本中に置かれることになった。今や「たぬき」と聞いて真っ先に思い浮かべるのはこの「焼き物」の狸かもしれない。「生き物」としてのタヌキ、「焼き物」としての狸、そして人を化かしたり、物語として語られる「化け物」としてのたぬき。私はこのたぬきの三形態を「たぬきの三位一体」と呼んでいる。そのどれもが欠くことのできないたぬきの一部であり、それゆえに一体どれが本当のたぬきなのか、そのイメージを非常にあいまいにしている。

たぬきと聞いて知らない日本人はいないと言っても過言ではないだろうが、その言葉から連想する姿は十人十色だ。この謎に満ちた存在感こそがたぬき最大の魅力だと思う。

たぬきの本　里山から街角まで

もくじ

第1章

動物園のタヌキを撮影しながら考えたこと

中村沙絵

今日も動物園にいます

一

モノレールに揺られた先、緑が生い茂る山の中に、私の目的地がある。多摩動物公園。東京都日野市にある動物園だ。カメラの入ったリュックサックを背負い直し、受付で年間パスポートを提示して入園した私が目指す先は「たぬき山」だ。たぬき山。それは、多摩動物公園のタヌキの飼育展示場のことだ。なぜ、たぬき山と呼ばれているのか。理由は単純で、展示場にそのままずばり「たぬき山」と書かれた看板が立っているからだ。ちなみに、同園で配布されている無料のリーフレット『多摩動物公園 動物新聞』二〇二〇年十一月号にも、たぬき山の名称が使われている。名称が先か、看板が先か。数年前に初めてたぬき山に来た私にはわからないが、この後の文章でも、「多摩動物公園のタヌキの飼育展示場」の意味合いで「たぬき山」の名称を使っていく。

坂を上ってたぬき山の近くに辿り着いた私は、足音をそっと潜める。坂道で上がった呼吸を落ち着かせながら、ゆっくりと緑の生い茂る飼育展示場を見渡す。観察。その後に、撮影。顔は知っているが名前も年齢も職業も知らない常連さんと挨拶をし、給餌に来た飼育員にタヌキたちの近況を尋ね、また観察、そして撮影。そうやって、その日も、次の日も、私の動物園でのひと時は過ぎていく。

自己紹介が遅くなったが、私は「動物園写真家」を名乗って、主に動物園と保護猫カフェで写真撮影をしている。ギャラリーで写真展などをおこなう際には、「タヌキに魅せられて、気付けばタヌキばかり撮影していた」と自己紹介をすることがある。冗談めかしているが、これはあながち間違いではないのだ。多摩動物公園に初めて足を踏み入れた二〇一八年春の時点では、私はタヌキとは別の生きものを目的にしていたし、実際、半年ほどは、タヌキ以外の生きものを中心に撮影していた。しかし、私は生きもの全般が好きだ。タヌキへの興味がまったくなかったわけでもない。目当ての生きものの元へ行く途中で、少しだけ、たぬき山で足を止めることもあった。月に数度だった動物園訪問の回数が増えるに伴って、たぬき山に立ち寄ることが増え、足を止める時間も増え、気が付けばたぬき山を目的として訪問する日々となっていた。さらに、たぬき山に飽き足らず、名古屋や北海道の動物園にも、タヌキを目当てとした泊まりがけの訪問をするようになった。対人間でたとえるならば、毎日顔を合わせているクラスメイトや同僚のことを気が付けば好きになっていた感覚に近いのかもしれない。タヌキをこれほどまでに好きになったきっかけらしいきっかけが、我ながらわからないのだ。そのため、タヌキを好きになったきっかけや撮る理由について、「魅せられた」と説明している。

多摩動物公園のタヌキの飼育展示場、通称「たぬき山」だ。

動物園。今、この本を読んでいる人の中

には、よく行くという人もいれば、まったく行かないという人もいるだろう。あなたが最後に動物園に行ったのは、いつだろうか。幼稚園や小学校の遠足、少し大人になってからのデート、自分の家族に新たに加わった幼い子どもとの外出……。

そうやって動物園を訪れた日のことを思い返してみると、意外にも、動物を見に行くためというよりも、誰かと体験や時間を共有するための訪問だったかもしれないと気付く。私の子ども時代の動物園訪問も、そうだったように思う。そして、そのような訪問が多数であることは日頃の訪問から実感している し、それが友人や家族と過ごした思い出の一場面として機能することも充分に理解している。日本動物園水族館協会（通称ＪＡＺＡ。おそらく、この本を読んでいる人が思い浮かべる動物園のほとんどは、この協会に加盟しているだろう）でも、同協会、すなわち動物園や水族館の四つの役割のひとつとして「レクリエーション」を挙げ、ウェブサイト（「公益社団法人日本動物園水族館協会ウェブサイト」二〇二一年二月二十八日確認）では次のように説明している。

天気のいい日、家族や友だちと一緒に、生き物を見にいくことは楽しいですね。動物園や水族館は、みなさんに楽しい時間を提供しているのです。

動物園は誰かと楽しむレクリエーション、すなわち娯楽のための施設。その楽しみ方だけを知っている人からしたら、それなりの年齢の大人が一人で動物園を訪れているというのは、驚くに値することなのかもしれない。写真展やイベントに出展していても、私が一人で動物園を訪れていることを知って驚きの表情を浮かべる人は珍しくない。写真家＝己の目指す写真のために粘り強く孤軍奮闘する、なんてイメージがあるのか、納得はされるのだが。

　しかし、これはあくまで個人的に感じることだが（なぜなら、そのような調査をしたことはないので）、仕事と趣味を兼ねて訪れている私は少数派かもしれないが、一人で訪れる大人はちょくちょく目にする。その大人たちの多くは私のように仕事を視野に入れてはおらず、趣味、いや、ライフワークや生きがいとして動物園を訪れている。数年にわたって観察をし、給餌にかかった時間や展示場に出されていた時間を記録しているような人もいる。繁殖の記録から特定の生きものの家系図を作る人もいる。また、特定の生きものの中でも、さらに特定の個体が好きな人の熱量はアイドルや俳優を応援するファンのようでもあり、それは趣味というより生きがいに値すると私は考えている。

　ＪＡＺＡは「レクリエーション」の説明として、さらに「楽しく過ごしながら、『命の大切さ』や『生きることの美しさ』を感じ取ってもらえる」（「公益社団法人日本動物園水族館協会ウェブサイト」二〇二一年二月二十八日確認）とも挙げている。「レクリエーション」という言葉が単なる娯楽性のみを求めたものではなく、「命の大切さ」や「生きることの美しさ」にふれるという、人生においての学びの側面を持つことを示唆しているように感じられる。レクリエーションと教育が共存しているともいえるだろう。ちなみにＪＡＺＡが挙げる四つの役割の残り三つは「種の保存」「教育・環境教育」「調査・研究」だ。

友人や家族との楽しいひと時を過ごすためのレクリエーションとして、己の生きがいを追求するために、あるいは生きることについて考える学びの場として、動物園を訪れる理由はさまざまであるが、それが生きものや他人を傷つけるものでない限りは、すべて尊重されるべきと私は考える。一人で訪れるのはおかしいとか、はたまた他人と訪れても気が散ってつまらないとか、そんな言い合いは、タヌキだのライオンだのユキヒョウだのといった多種多様な生きものの前ではちっぽけだ。そして、たぬき山で暮らすタヌキたちは、私が一人で来園しようが友人と来園しようが、今日も明日も日なたですやすやと眠り、餌を食べ、暮らしていくだけ。ニンゲンの動機がどうであれ、彼らが動物園で暮らしているという現実は変わらないのだ。であれば、数秒数分でも長く彼らに目を向け、飼育員や園による取り組みで良いものについては応援をし、ときには彼らがより快適に暮らせるよう提言をするほうが、彼らのためであるし、彼らが動物園で生きている時間を無駄にしないと思える。

さて、たぬき山の話に戻ろう。この飼育展示場の特徴は二点あると私は考えている。

たぬき山の第一の特徴は、一見すると小高い丘のような飼育展示場であるということだ。土が盛られ、季節によって色も背丈も変わる草木が植えられている。柿の木が展示場にあり、秋にはタヌキのおやつとなる実をつける。もちろん、必要な部分はコンクリートで固めてあったり、板を組み合わせた寝床があったり、飼育員が使う金属製の扉があったりと、人の手は加えられている。軽く見渡すだけでもそれら人工物は目に入るのだが、それにもかかわらず、なぜか自然っぽいのだ。タヌキは日本在来の生きものであるため、日本の街中や野山で見かけるような草木が飼育展示場内に植わっていても、飼育展示場周辺のもともとの地形や植生を利用していても、ちぐはぐな印象になりにくいからでは、と推測している。また、「かちかち山」「ぶんぶく茶釜」、『平成狸合戦ぽんぽこ』（高畑勲監督、一九九四年）といった民話や映画の内容から、タヌキとニンゲンの生活圏が重なっていること、すなわち、タヌキが人工物の隣にいることが受け入れられる土壌があり、違和感も薄いのではないかということも、調査もデータもないながらに考えている。

季節によって景色を変える、たぬき山。夏には緑、秋には茶色（落ち葉）がたっぷりだ。

　なお、動物園の飼育展示場内に人工物があることはときに批判されるが、人工物は悪であると結論づけるのは短絡である。たとえば、行動展示（生きものが本来持つ行動を引き出す展示）の代名詞のようにもなった旭山動物園

右端の白い服の人物は、来園者。タヌキとニンゲンを隔てる檻や金網はない。

について、若生謙二は「人工的構築物を積極的に用いていること[1]」を特徴として挙げ、生きものが野生下でおこなっている行動を引き出すことは動物福祉の面で重要なことであり、そのために人工物を積極的に用いようという機運にもふれている。生きものがその生きものらしい活動をする、すなわちその生きものらしく生きるためという視点に立てば、人工物は必ずしも悪ではないのだ。捕食動物はおらず、なわばり争いも発生せず、安定した餌も与えられる動物園では、生息地の植生や地形を再現しただけでは、その生きものらしい行動が引き出せるとは限らないのである。

たぬき山の第二の特徴は、檻や金網といった隔たりがないことだ。飼育員が使うための通路や水道はあるものの、ニンゲンとタヌキを大きく遮るものはない。ニンゲンの通る園路とタヌキのいる飼育展示場を分けるのは、大人の太ももほどの高さの植え込みと柵、タヌキの脱走防止のための深めの堀（モート）だ。その堀も、展示場の縁からは上り下りができるようになっており、ときにはタヌキたちが堀を行き交う姿を見ることもできる。檻に邪魔されることがないからか、こちらも気を張らずにゆったりと観察と撮影を楽しめるように思う。

檻や柵がなく生きものを直接観察できるようにしたこの展示方式は、「無柵放養式展示」と呼ばれるものである。ドイツのハーゲンベック動物園が世界で初めておこなった展示方法であることから、「ハーゲンベック方式」とも呼ばれている。多摩動物公園みずから、これを特色としており、同園の公式ウェブサイトでも「動物をできるだけ自由な姿で展示するために、檻のかわりに壕で仕切るようにし、広い放飼場に放養形式で展示をしています[2]」と記している。この展示方式は開園当初からの構想であり、『上野動物園百年史本編』（一九八二年）での多摩動物公園建設計画案や開園式での経過報告にも、放し飼いや放養式といった言葉がみられる。余談だが、同文献からは、タヌキが同園の開園当初にも飼育されていた、いわゆるオープニングメンバーだったこともわかる。多摩動物公園以外では、たとえば桐生が岡動物園や盛岡市動物公園ＺＯＯＭＯもタヌキの展示場は無柵放養式展示となっている。

さて、「動物園でタヌキの写真を撮っています」と私が言ったときの相手の反応で多いものは、「どうして、タヌキ?」だ。どうしてって、好きだからだ。「どうして」を飛ばして、「タヌキが好きなんですか?」とストレートに尋ねる人もいる。もちろん、好きだ。だからこそ、何万枚もタヌキの写真を撮っているし、タヌキ写真集を同人誌という形で作ってしまった。しかし、私に質問する相手も、私がタヌキ

盛岡市動物公園ＺＯＯＭＯのタヌキの展示場。

を好きなことは、おそらくわかっているのだ。彼らが本当に知りたいことは、その先だ。つまり、ライオンやゾウといった多種多様な生きものがいる動物園であえてタヌキを撮る理由、すなわち、タヌキという生きものの魅力について、だ。

二　タヌキという生きもの、その魅力と生態

タヌキが好きだ。タヌキは魅力的だ。しかし理由はわからない。以上。

……それでは話にならない。よく聞かれる質問であるし、何より、タヌキの魅力をアピールしてタヌキ好きを増やすチャンスなのだ。タヌキ好きの一員として、そんな貴重なチャンスを逃すわけにはいかないのだ。

タヌキの魅力。写真を撮る者として辿り着いた答えを一言で表すなら、「造形美」である。

丸みを帯びた三角の耳は、まるでおにぎりだ。その二つのおにぎりの下には、丸っこく、しかしふさふさとした毛のおかげでひし形にも見える顔。案外きりりとした目元を愛嬌深く見せるのは、黒いアイマスクのような特徴的な模様だ。顔の下には、まるでデフォルメされたぬいぐるみのような、ずんぐりとした胴体。その下に伸びる黒い四肢は、胴体に比較してほっそりとしていて、まるで黒いタイツを穿いておしゃれをしているよう。ぽってりと丸いおしり、そこから伸びる薄茶のしっぽ。ちなみにタヌキのイラストを描く際、しっぽにしま模様を加え

ると、「これはタヌキじゃない」と叱られてしまうので気をつけたい。タヌキのしっぽには、しま模様はない。もう一度言う。しま模様はない。そんな不遇なしっぽだが、歩く際、ぽってりとしたお尻が動くのに合わせてふりふりと揺れる様は、非常に愛らしく、是非じっくりと見てほしい。

タヌキの「造形美」を語ってみたが、ここで自分に疑問を抱いた。「その見た目を持たないタヌキは美しくないのか」、あるいは「その見た目を持たないタヌキはタヌキじゃないのか」ということである。

タヌキの魅力は造形美だ。

後者については、「どんな見た目であってもタヌキはタヌキという生きものである。DNAでも調べればキツネやアナグマじゃないことはわかる」と答えられる。しかし、アルビノや白変種のように毛色が真っ白で目の周りの黒いアイマスク状の模様すらない個体の場合、外見だけでタヌキだと判断できるかは怪しい。もちろん、それが動物園のパネルなどで「白いタヌキ」と表記されていれば、目の前の真っ白な生きものがタヌキであると判断できる。では、その表記があってもなくても、あるいは表記なんてどこにもない野外で見かけたとしても、その魅力は変わらないものだろうか。そうやって考えると、

タヌキとキツネの横顔写真。
タヌキは、ほっそり見える夏毛の雨の日の写真を選んだ。

私がタヌキをタヌキとして愛でるためには目の前の生きものをタヌキであると認識することが必要であり、そう認識するためには、タヌキという生きものが一般的に持つ見た目が必要といえるのではないだろうか。

　タヌキの見た目について、興味深い事例がある。高槻成紀が『タヌキ学入門』（誠文堂新光社、二〇一六年）で紹介しているものだ。高槻は、「タヌキのおっとりしたイメージの理由を、よくペアでとりあげられるキツネとの比較で考えてみ」（七二頁）る中で、四肢の長さや目の位置の違い、さらには毛色の印象に着目した。タヌキとキツネの顔は、額や耳などに違いが見られるものの全体の輪郭はよく似ているのだが、にもかかわらず違う顔をしていると思われてしまうのは、毛色の印象によるものと考えた。そして、それを確認するために、タヌキとキツネの横顔の輪郭だけを描いたものに、毛色を正しく描き入れたもの、毛色を入れ替えて描き入れたものを作成した。結果、「驚いたことにまったく違和感がなく、タヌキのはずがキツネに、キツネのはずがタヌキになった」（八〇頁）と記すように、毛色を入れ替えただけでタヌキとキツネの顔には大きな差が見られなくなった。

　タヌキをタヌキたらしめるもの、あるいは私がタヌキをタヌキと認識するもの。そこには、見た目、すなわち、全体的に茶色っぽい毛で覆われていて目の周りに黒いアイマスク状の模様があることが大きく横たわっているのではないだろうか。いわゆる普遍的な見た目でなくてもタヌキはタヌキであるが、私がタヌキをタヌキと認識するためには見た目は重要な要素である。これが「その見た目を持たないタヌキはタヌキじゃないのか」に対して自問自答した末の答えである。

トウブ（左）と故チャチャ（右）。
出会った時にはすでに加齢で顔が白んでいた彼女だったが、私にとっては愛らしく美しいタヌキだった。

　さて、順番が前後したが、「その見た目を持たないタヌキは美しくないのか」である。これには、即座に「いいえ」と答えた。「造形美」という言葉と矛盾するかもしれないが、造形、すなわち見た目だけが美醜を感じさせる要素ではないと、動物園でタヌキを観察している中で実感した。若いタヌキの整った毛並み、老いたタヌキの緑がかった目、ケンカでちぎれてしまったしっぽ、長く生きてきたゆえのゆったりとした挙動。私は、そのすべてに命を感じるし、美しさを感じている。若さも老いも、すべて、生きることの美しさだ。ただ、一般的には、たとえば毛並みひとつにしても、全体的に整っていてふさふさと生え揃っているものが美しく、換毛で毛がぼさぼさと浮いているなどすると美しくないとされることが多いのも理解している。なれば、写真を撮る者として、タヌキの魅力を伝えるためにできることのひとつは、美しくないとされる要素があるタヌキでも美しさを感じさせられるような写真を撮ることなのかもしれない。

見た目はタヌキをタヌキたらしめる重要な要素である。しかし、美醜は見た目だけで決まるものではない。これが私の、タヌキと造形美に対する考え方だ。

さて、見た目にふれたところで、行動にもふれてみたい。

タヌキの行動は、非常におもしろい。十人十色という言葉があるが、まさに十匹十色。個性豊かであるし、通い慣れている動物園のタヌキでも予想外の行動に出ることがあり、まったく飽きることがない。タヌキという生きものとしての行動だけでなく、個体としての独自の行動や、他の個体との関係性によって引き出される行動など、多数の見どころがある。

まず、タヌキという生きものとしての行動について話をしたい。タヌキは一般的に、警戒心が強い生きものといわれている。身を守るための鋭い牙も、多数の個体からなる群れもなく、体長も一メートルに満たない彼らだ。本来の生息域である野山で、日中ふらふらと出歩いていれば、クマなどの捕食者の格好の餌食になっていたに違いない。警戒心の強さ、それゆえに臆病といわれることもあるその性質は、彼らの生存戦略だろう。その警戒心の強さで捕食者の気配を敏感に察知し、草藪でじっと身を潜めることで、彼らは今日まで生き延びてきたのだと思う。

動物園で暮らすタヌキは、日々、飼育員というニンゲンと接し、また来園者というニンゲンが入れ替わり立ち替わり通り過ぎていく環境におかれているためか、多くの場合で野生個体ほど人間への警戒心はないようだ。ただし、それはあくまで環境に対する馴れである。持って生まれた警戒心の強さが消えるわけではなく、来園者や飼育員の挙動が見慣れないものであれば、慎重な行動をする個体が多いと考えたほうがよいだろう。たとえば、走り出した子どもを追いかけて走る大人の大きな靴音や、傘や服を広げて振り回すような動作には、突発的な刺激ということもあるのか、一気に警戒心を強めてしまうことが多いように感じる。しかし、それらの動作は突然で大きなものであれば、同じ人間の私たちでも驚いてしまうようなことだ。タヌキが驚いてしまっても無理はない。過剰に萎縮する必要はないが、故意に驚かせるような行動を取らないようには心がけたい。警戒心を解いたタヌキは、寝姿さえ見せてくれる。

ただし、前述したようにタヌキは十匹十色。警戒心が強めなのか、人間が少し苦手なのか、あまり姿を見せない個体もいる。また、普段は来園者に対し

草藪の中でうたた寝をしながら、こちらの様子を窺う。こうして身を潜めることが、タヌキたちの生存戦略だったのだろう。

寝姿といってもいろいろだ。ぜひ、じっくり観察してみてほしい。

ておだやかな表情を見せている個体でも、たとえば子育て中などの理由で、警戒心を強めていたり刺激に敏感になっていたりすることもある。私たち人間でも、普段は温厚な者でも寝不足になれば苛々したりストレスで物音に敏感になったりすることを考えれば、理解できるのではないだろうか。動物園のタヌキから見れば、私たち来園者は、自分たちの住居まわりへの来訪者である。私たち人間はタヌキの住む場所にお邪魔しているのだという気持ちで、観察や撮影に臨みたい。

さて、警戒心を解いたタヌキの寝姿についてだ。タヌキでなくてもだが、生きものが寝ていると、動かなくてつまらないという声を聞くこともある。気持ちはわかる。「動く物」と書いて、動物だ。だが、目の前で気持ちよさそうに眠るタヌキを、今一度よく見てほしい。なんと愛らしいことだろう。あまりの愛らしさに、数枚写真を撮った後は、思わずじっくりと見つめてしまう。タヌキの姿勢によっては、普段は見ることのできない足裏の肉球をゆっくり観察することさえできてしまう。また、ゆっくりと呼吸に合わせて上下する体を見ているうちに、いつのまにか、自分も同じリズムで呼吸をしていることさえある。そもそも、活動や行動と聞くと、飼育展示場を忙しなく走っているようなものを想像してしまうが、あくびをすることも眠ることも寝返りをうつことも、生きるための活動だ。『ZOOよこはま』一〇三号（横浜市動物園友の会事務局、二〇一七年）で、よこはま動物園ズーラシア園長である村田浩一は「睡眠も行動ですし休息も行動ですから、それらが観察できる機会も貴重」（三頁）と述べ、さらには一般的にはクレームの対象になりやすい生きものの真後ろの姿も貴重な撮影の機会であると記している。この本を読んでいる方は、タヌキの真後ろの姿を見たことはあるだろうか。タヌキの顔ではなくおしりとしっぽを描いてみてと言われて、どんなものかすぐに想像できるだ

おしりを園路側に向けて寝ていたため、肉球を観察することができた。

一般的なタヌキのおしりとしっぽ。まるくてもふもふだ。

ろうか。せっかく、実際に生きているものたちを間近で安全にゆっくりと観察できるのである。是非、寝ていてつまらない、ではなく、寝ていてラッキーと考えて、じっくりと観察してみてほしい。

とはいっても、寝ている姿を観察できた後は、起きている姿も観察したくなることだろう。では、逆に動きが活発になるのは、いつだろうか。複数の動物園を訪れた実感としてだが、タヌキを含めて、動物園の飼育動物の動きが活発になりやすいのは、飼育展示場と寝室の行き来がある開園直後や閉園直前、そして飼育員による給餌の時間帯であることが多い。寝室がない飼育展示場の場合は、給餌の時間帯を狙うことになる。タヌキは夜行性であるが、外敵のいない動物園では昼間に活動することも珍しくはなく、給餌も開園中にされる動物園がほとんどのように思われる。給餌の時間帯や回数は動物園の方針によりけりで、日中にということもあれば、開園直後や閉園間際にということもあるし、日に一度ではなく数回に分けてなされることもある。また、当日に講演会のようなイベントがあれば前後することもあるし、食の細い個体や投薬が必要な個体には個別の餌が与えられることもある。

時折、タヌキの餌の内容を見て驚く来園者を見かけるが、タヌキは雑食性である。野山では果実、小動物、昆虫などを食べている。雑食性がゆえに畑や果樹園の作物を食べてしまい害獣として扱われることもある一方で、『日本史のなかの動物辞典』（東京堂出版、一九九二年）ではネズミを捕食するために益獣として紹介している。動物園では、鶏頭や魚、リンゴやイモなど、数種類の食べ物を取り混ぜて与えていることが多い。ゆで卵や白菜、肉食獣用のソーセージを与えている動物園もあり、雑食性であるがために餌の内容にも園館による違いが現れる。

餌の内容から、タヌキ自身に注目を移そう。餌を食べるという行為にも、一匹一匹の個性やその飼育展示場でのタヌキ間の関係性が現れる。餌を独占する勢いで食べるものもいれば、その隙を狙ってこっそりとイモのかけらを拝借するものもいる。そういった駆け引きが苦手なのか、他の個体が食べ終わってからゆっくりと食べるものもいる。

餌の時間。カラスが餌箱の近くにやってきた。

タヌキの持つ関係性は、タヌキ同士だけのものとは限らない。タヌキと、タヌキにとっての別の生きものとの関係も、観察すると興味深い。

たとえば、カラス。たぬき山のような無柵放養式の飼育展示場の場合、かなりの確率でカラスが周辺をうろつく時間帯がある。カラスの目的は、大抵の場合、餌の奪取だ。同じ時間帯に同じ場所を訪れることで、労せず食料を手に入れることができるというわけだ。

カラスに対するタヌキの反応は、さまざまだ。遠巻きに眺めるもの、カラスが近づいてきたときにだけ威嚇するもの、少し離れていても走り寄って追い

昼寝からふと目を覚ましたタヌキ。カラスがいることを認識したが、再び昼寝に入ってしまった。カラスのくちばしには、タヌキ毛がたっぷり。

払おうとするもの。とある動物園では、展示場に飛来したカラスがタヌキに攻撃され、なんとそのまま死んでしまったという。日頃の餌泥棒への恨みがあったのか、偶発的なものかは、当時現場にいなかった私にはわからない。しかし、臆病と言われがちなタヌキの獣としての一面を垣間見た事例である。

餌だけでなく、タヌキの抜け毛を目当てにしていることがある。タヌキ以外にもカモシカの飼育展示場などでも春先になると見られる行動で、ひな鳥を育てるための巣材にするのだと推測される。タヌキにとっては、冬毛から夏毛に生え換わる換毛の時期である。すでに抜け落ちた毛を回収していくだけならいいのだが、あろうことか、わざわざタヌキの体をつつくようにして、抜けかけた毛を引っ張るカラスまでいる。

そんなタメキとカラスだが、持ちつ持たれつのような関係に見えるケースもある。前述した通り、たぬき山には柿の木が植えられており、秋には柿の実がなる。甘い柿の実は、タヌキにもカラスにも人気だ。ある秋の日、カラスがやってくると、昼寝をしていたタヌキが起きて柿の木の下をうろつき始めた。カラスが食い散らかした柿の実のかけらが地面に落ちるのを待ち構えていたのだ。タヌキは木に登れないから、と考えるのは少し単純だ。実はタヌキは不器用ながらも木に登ることができる生きものだ。野生下でも動物園の飼育下でも、木に登る姿が目撃されている。年齢が高めで木に登ることができないため、やむをえずそうしているのか、はたまた、ただ面倒で楽をしたいだけなのか。その真意はタヌキにしかわからない。餌場として動物園を利用するカラスがいればこその行動なのかも、野生下でも見られる行動なのかも、研究者ではない私にはわからない。

しかしながら、普段は餌を泥棒したり冬毛を抜き取っていったりとタヌキにとっては厄介者のようなカラスを、逆にタヌキたちが利用しているとも考えられる、興味深い一場面であった。そして、次のように考えるきっかけにもなった。種という大きな枠組み（この場合ではタヌキとカラス）で生きものを見たとき、彼らの間にある関係を敵対や親愛といった人間の感覚に当てはめるのは難しく、彼らはただ利用し利用されて生きているに過ぎないのではないだ

カラスが落とした柿の実のかけらが、タヌキのおやつになる。

ろうか、と。たかがタヌキ、されどタヌキ。彼らは思いがけない気付きを与えてくれるのだ。

ところで、カラスの話をする前に、わざわざ「タヌキにとっての別の生きもの」と記述したのには、理由がある。飼育員という人間もまた、タヌキにとっての別の生きものであり、何かしらの関係を築いているだろう存在であるからだ。

大抵のタヌキにとっての飼育員とは、まずは「餌を持ってくる大きな生きもの」だろう。餌と共に現れる、この大きな生きものに対する反応もまた、タヌキによりけりだ。飼育員がやってくる気配を察すると、途端に給餌場所に向かうものもいれば、昼寝を切り上げてそそくさと草藪に身を隠してしまうものもいる。野山と異なり餌がなくならないことを理解しているのか、なんとなく移動が面倒なのか、とりあえずその場で待機しているようなものもいる。飼育員の足元をぐるぐるとうろつくものもいる。それぞれのタヌキが飼育員をどのように捉えているのかが垣間見え、とても興味深い。

飼育員の取り組みやタヌキの生育歴によっては、「餌を持ってくる大きな生きもの」とは別の認識を持っているタヌキもいるかもしれない。たとえば、大内山動物園のＳＮＳアカウントでは、タヌキにブラッシングを施している様子が数回投稿されている[3]。投稿に添付された動画では、タヌキは嫌がる様子を見せず、おだやかにブラッシングをされている。さすがに飼育員のことをタヌキとは思っていないだろうが、「毛づくろいをしてくれる共存相手」くらいには認識しているかもしれない。また、おびひろ動物園では二〇二〇年に数頭の子ダヌキが保護され、保護の経緯や人工保育の様子が同園ブログにつづられている。[4] 彼ら子ダヌキにしてみれば、餌を持ってくるだけでなく身の回りの世話もしてくれる飼育員は、「親がわりの大きな生きもの」のようだったかもしれない。

ところで、動物園にいると耳にすることがある誤解だが、飼育員というのは、単に餌を与えるだけが仕事ではない。

一般家庭の犬の飼育を想像してもらえると、わかりやすいだろう。散歩をし、排泄物から体調を確認し、定期的に病院の検診に連れていく。ブラッシングや爪切りといった体のケアに、一緒におもちゃで遊ぶといった心のケア。餌だって、年齢や体調に応じて内容を変えることも必要になる。

動物園での生きものの飼育も、同様だ。飼育員は自分が飼育を担当している生きものに対して体調の管理をし、検診や診察がスムーズにおこなえるような工夫を模索し実践し、獣医から指示があれば投薬をし、動物園という限られた空間でそれぞれの生きものがより健康的に過ごせる方法を考える。また来園者に生きものについてよりよく知ってもらうためにガイド担当やインタビューに応じるなど、給餌以外にさまざまな仕事をこなしている。

タヌキではないが、豊橋総合動植物公園のんほいパークを二〇一九年秋に訪れた際には、飼育員がア

寝床として埋め込んでいる木箱を引き出した飼育員。飼育展示場の管理も、仕事のひとつ。

アシカショーではなく、アザラシの健康管理の一場面。
この後、手元の目薬をさしていた。

ザラシと触れ合った後に目薬をさす場面に遭遇した。来園者向けのパネルにも、爪切りのような健康管理や病気の治療のため、前足を触らせたり口の中を見せたりするトレーニングをしている旨が示されていた。タヌキについては、前述の大内山動物園のブラッシング以外にも、たとえば盛岡市動物公園ＺＯＯＭＯでは、採血だけでなくレントゲンやエコーによる検診がおこなわれたことが同園のＳＮＳアカウントで公開されている[5]。

　また、動物園によっては、タヌキに限らず、傷病鳥獣（ケガを負った野生動物）を受け入れている場合もある。前述のおびひろ動物園の子ダヌキの例は稀な話ではなく、旭川市旭山動物園など、他の動物園でも、園内で飼育展示しているタヌキが野生からの保護個体であることが公示されている[6]。野毛山動物園では、二〇二一年春に保護された子ダヌキを飼育展示するためではなく野生復帰させるための取り組みが、同園公式ウェブサイト内のブログでつづられている[7]。

　ＪＡＺＡが動物園の持つ役割として「レクリエーション」に加えて「教育・環境教育」を挙げていることは先述した。娯楽施設にしても教育施設にしても、生きものの命を預かっていることに異論はないだろう。その命に敬意を持ち、それぞれの個体に安全で健康的な生活を送ってもらうことは、動物園の最低限の義務であると私は考えている。そして、ほとんどの飼育員は生きもののために日夜努力しているはずだ。

動物園で飼育展示されている生きものたちには、ライオンのような野生動物もいれば、モルモットやヒツジのような家畜動物もいる。本来はそれぞれの生息地でニンゲンの世話なしに生きている野生動物であっても、動物園で飼育展示される個体としての暮らしは家畜動物のように飼育員や来園者といったニンゲンに依存するものとなっている。動物園の生きものについて語るとき、それらニンゲンの話を抜きにすることはできないのである。そして、ともすれば「どこにでもいる」とか「つまらない」とか評されがちな動物園のタヌキの個性や生態をより引き出して、より魅力的に伝えるには、動物園とそこで働く人々というニンゲンの腕が必要なのである。

タヌキの魅力というテーマからやや脱線したが、動物園を訪れた際には、生きものそのものに加えて、飼育展示場や解説パネルといった、その生きものの魅力をより引き出すための努力や成果にも目を向けてみてほしい。動物園巡りに新しい楽しみ方が増えるし、他園で見たことのある生きものの新しい魅力や一面に気付くことができるかもしれない。

三　余剰動物と誤認保護

動物園で撮影をしている身で言うのもなんだが、動物園はさまざまな問題を抱えている。それらの問題について、自分の目と耳と頭で考えてほしいからこそ、動物園で撮影した写真を公開して動物園を訪れるよう促している面もある。

たとえばチンパンジーを出演させる動物ショー、小動物を用いたふれあいコーナー、ゾウの単独飼育などが国内外から大なり小なり非難されている。小動物によるふれあいコーナーについては、動物園に勤務していた経験のある石田戢は『現代日本人の動物観　動物とのあやしげな関係』（ビイング・ネット・プレス、二〇〇八年）で「実は、「ふれあい」ではなく「お触り」コーナーなのである」「両者の合意の上で成立しているようにセットされているが、これはかなり一方的な関係なのである」（二九頁）と指摘している。ゾウについては、大牟田市動物園が、群れ社会で生きるゾウを群れで飼育する広さがないため飼育展示をしていないことを説明する看板を設置するなど、動物園側にも従来の単独飼育から脱却しようという向きがある。[8] 動物園も、非難や意見を受け入れながら改善に努めつつあることを、まずは頭に置いておきたい。

動物園の抱える問題はさまざまあり、それだけでも一冊の本が作れてしまうほどである。ここでは、そのひとつである、「余剰動物」という問題をタヌキに絡む問題として取り上げたい。

新しい命が生まれることは、喜ばしいことである……はずなのだが、動物園には、飼育展示場という限られた面積で生きものを飼育しなければいけないという、物理的な制限がある。他の動物園へ交換や寄贈を、と考えても、飼育展示場が限られているのはどの動物園も同じである。そうして生まれてしまうのが、余剰動物という問題である。動物園で人気投票をおこなえば上位に入ると言っても過言ではないだろうライオンも、余剰動物になりやすいという。

朝日新聞デジタルによる連載「動物たちはどこへ　変わりゆく動物園」第二回「余るライオン「猫より安い」　動物交換、その実態は」(9)では、ライオンが余剰動物となる理由を次のように述べている。

> ライオンは繁殖が容易で、一度に三頭前後を産む。「赤ちゃん」のうちは人気があるから増やす動物園は多いが、成長すると近親交配や闘争のリスクが出てくる。群れで飼うには広いスペースが必要で、エサはたくさん食べる。

井の頭自然文化園でかつて飼育されていたポン・ポコ・リンの3匹も、杉並区で幼獣の頃に保護された。写真は晩年の故ポン。

余剰動物問題は、タヌキも無関係ではない。次に記述するのは、新潟県長岡市が運営する悠久山小動物園で、二〇一八年に起きた事例である。職員が同園で飼育していたタヌキの親子を山林に捨てていたことが、二〇二〇年に入って報道された。タヌキのペア自体は以前から同園で飼育されていたものだが、二〇一八年五月に子どもが五匹生まれてしまった。これは予定外の繁殖だったらしい。狭い飼育舎で七匹のタヌキを飼育することは難しいため、同年十月、生まれた子どものうち二匹を同園に残し、親子五匹を捨てたとのことだ。なお、タヌキを捨てたことよりも、その結果として同職員が動物愛護管理法にふれたために書類送検（不起訴）及び厳重注意処分となったことが市教育委員会から公表されていなかったことを主な問題とした報道であるようだ。

さて、タヌキは日本に元から住んでいる生きものだ。それを日本の山林に戻しても問題はないのではないかと考える人もいるだろう。しかし、ケガなどを理由に一時的に保護をし、野生復帰をゴールとして限定的に飼養していたのではなく、展示を目的として飼育していたタヌキである。それを増えすぎたからという理由で山林に放つのは、報道されたように遺棄と見なされる。

動物園の飼育動物について、「動物の愛護及び管理に関する法律」（通称、動物愛護管理法）においても、「展示動物の飼養及び保管に関する基準」として「第一　一般原則」内「四　終生飼養等」にて次のように記している。

管理者は、希少な野生動物等の保護増殖を行う場合を除き、展示動物がその命を終えるまで適切に飼養（以下「終生飼養」という。）されるよう努めること。

簡単に言うならば、死ぬまでちゃんと面倒をみましょう、ということだ。これは展示動物だけでなく、個人が飼育管理する犬や猫にも当てはまることである。増えすぎたから、病気になったから、かわいくないから……そんな理由で生きものの飼育管理を放棄してはならないのである。なお、愛護動物の終生飼育については、公益社団法人ACジャパン及び公益財団法人日本動物愛護協会によって、「涙ながらに、動物を捨てる同情人物。美談化された、お涙頂戴ストーリー」「そのタイミングで「どんな理由があろうと、どんなに心を痛めようと、それ、犯罪です」というメッセージを挿入[10]」した広告が展開されるなど、周知活動がなされている。

　また、動物愛護管理法では展示動物の繁殖についても、「自己の管理する施設の収容力、展示動物の年齢、健康状態等を勘案し、計画的な繁殖を行うように」、さらには「必要に応じて、去勢手術、不妊手術、雌雄の分別飼育等その繁殖を制限するための措置」をするよう努めることを「展示動物の飼養及び保管に関する基準」に記している。先述した報道記事中にも、これら事前の対応を怠ったことが指摘されている。やむを得ず殺処分となるよりは山に放った方がいいだろうと考えたのかもしれないが、殺処分も遺棄も選ばないで済むよう、事前の対応が必要であった。

　悠久山小動物園の事例は、適切な繁殖制限を怠ったことによる予定外の繁殖によるものである。しかし、私が危惧しているのは、前述したライオンのような故意の過剰繁殖、さらには在来種であることを理由とした遺棄が起きる可能性である。生きものの子どもはかわいい。それはタヌキも例外ではない。生ませたタヌキの子どもを数カ月間は集客のためにアピールし、ある程度大きくなって集客が見込めなくなったらこっそりと山林に捨て、来園者には疑われないように他園に移したと嘘をつく……そんなことが起こらないよう願いたい。

また、動物園そのものが抱える問題とは異なるのだが、タヌキと動物園という観点から、「誤認保護」の問題にもふれておきたい。

第二節で、動物園が、傷病鳥獣の保護を担っていることがあると述べた。しかし、動物園のスタッフが自ら街をパトロールして傷病鳥獣を見つけ保護するわけではない。多くは、地域の住民といった動物園外の者が自身の生活圏内で傷病鳥獣を見つけ、一時的であれ自宅に連れ帰るなどし、動物園であれば引き取りなどの対処をしてもらえるのではないかと連絡をする。その際に、保護の必要性がない個体を誤って保護してしまうことがあるのだ。

たとえば愛媛県立とべ動物園では、「鳥のヒナや幼獣をみつけたら」というページを同園公式ウェブサイトに設け、誤認保護の注意喚起をしている(11)。同ページでは鳥のヒナだけでなく、タヌキについても、親ダヌキが餌を探しに行っている間の子ダヌキが迷子と間違われて誤認保護されてしまうことが多くあると訴えている。他にも、野毛山動物園が、側溝の中で鳴いていたとして同園に持ち込まれた子ダヌキを誤認保護の例として紹介している。

動物を助けてやりたいと思うこと自体は、悪いことではない。しかし、その手助けが必要でない個体にとっては、それは親や野生との別れになりかねない。誤認保護について「誘拐」という強い口調で非難する向きもあり、動物園や動物病院だけでなく各地域の市区町村も「誘拐」の言葉を使用して注意を呼びかけている[12]。

もちろん、誤認ではない、必要性あっての保護を批判しているのではないと添えておく。私はタヌキを含め野生動物を保護したことはないが、犬や猫のように飼育方法が確立されているわけではない野生動物のタヌキを保護し飼養することの苦労は想像に難くない。

保護してはいけないとわかっているが、わかっていないふりをして保護し、タヌキをこっそり飼育してしまおう。そんな、意図的な誤認保護とでもいうような考えを、この本を読んでいる人には持ってほしくない。そうして飼育を始めたとして、あなたは、タヌキにタヌキらしい生活をさせられると言い張れるだろうか。

誤認保護の啓蒙ポスターを張り出している動物園もある。

自分が飼育しているタヌキを見て羨ましがった他人が、子育て中の親ダヌキを殺してでも子ダヌキを手に入れようとまでしないと断言できるだろうか。地震や洪水といった災害時、あるいは自分が病気になったときに、終生飼育を徹底できるだろうか。

ニンゲンにはニンゲンの、野生のタヌキには野生のタヌキの世界がある。井の頭自然文化園で過去におこなわれたタヌキに関する展覧会について、木下直之は『動物園巡礼』（東京大学出版会、二〇一八年）の中で「タヌキの生態ばかりでなく、タヌキが人間の暮らしにどう入り込んでいるのか、逆にタヌキの暮らしに人間がどう入り込んでしまったのかという問題を浮彫りにし」（二三六頁）た内容であったことを評価している。ニンゲンとタヌキの生活圏は近いと何度か述べた。だが、だからといって、互いの暮らしの領域を理解せず、無視するように入り込んでしまっては、誤認保護やロードキル（鳥獣が道路上で車に轢かれること。タヌキは回収数の上位である）問題が起きてしまうのである。そして、彼ら野生のタヌキの世界へのニンゲンの干渉を低くし、しかしニンゲンが彼らの世界を少しでも覗き見て理解するために、動物園があるのではないだろうか。

四　それでもタヌキに会いに行く

動物園が抱える問題を知りながら、それでも私は、動物園へ足を運び、タヌキに会いに行く。新型コロナウイルス感染症の影響で、二〇二一年二月現在、多摩動物公園は数カ月間の休園に入っている（本稿執筆の数カ月後、六月四日に再開園に至った。約半年に及ぶ長期休園期間であった）。部屋の中、パソコンに向かって写真の編集をしながら思うのは、たぬき山のタヌキたちのことばかりだ。今日はあたたかいから日なたぼっこをしていたかな。高齢のあの子たちは元気だろうか。動物病院から退院したらしいあの子はSNSに写真があったけど、他の子たちはどうだろう。……タヌキたちは私のことなんか気にも留めていないだろうが、私はタヌキたちのことをこんなにも気にしてしまっている。

多摩動物公園のたぬき山のタヌキは、おそらく、多くの来園者からすれば、何の変哲もないただのタヌキだ。事実、足を止めることもなく、「どこにでもいる」と通り過ぎていく来園者も少なくない。しかし、私にとっては、彼らは「多摩動物公園のタヌキ」であり、さらには一匹一匹に名前も個性もある、特別なタヌキたちなのだ。第一節で、動物園の特定の個体が好きな人について、その熱量は俳優やアイドルを応援するファンのようでもあると述べた。私もまさしく、そうである。ホモ・サピエンスという種は地球上に何十億といるが、特定の俳優やアイドルのファンにとっては、その特定のニンゲン、すなわち特定の一個体が、とりわけ特別で大好きな存在なのだ。そして、これは私に限ったことではない。おそらくすべての動物園に、何らかの生きもののファンがいて、中でも特定の個体のファンだという人がいるはずだ。動物園の広報や自分以外の動物園ファンから見聞きした情報で、特定の個体に会いたいと考え、新幹線や飛行機に乗って遠路はるばる会いに行く人もいる。

動物園に足を運ぶ。生きものを、飼育展示場を、来園者の言動を、自分の目と耳で感じる。そうして、動物園や生きもの、そして自分がそこに関わることについて、自分の頭で考える。そんな時間ときっかけをくれるタヌキに、私はきっと、これからも会いに行くのだ。

注

（1） 若生謙二「横浜市よこはま動物園ズーラシアに「チンパンジーの森」をつくる」『藝術32』（大阪芸術大学紀要）二〇〇九年、九八頁より引用。

（2） 「東京ズーネット」（https://www.tokyo-zoo.net/）内「多摩動物公園公式サイト」の「見どころ」（https://www.tokyo-zoo.net/zoo/tama/about.html）より引用。共に二〇二一年八月二十八日確認。

（3） 大内山動物園公式ツイッターアカウント（https://twitter.com/OouchiyamaZoo）に、飼育員からブラッシングやマッサージを施されている動画が複数回投稿されている。https://twitter.com/OouchiyamaZoo/status/991236116710735872 や https://twitter.com/OouchiyamaZoo/status/1234717616377188835 など。二〇二一年八月二十八日確認。

（4） 「おびひろ動物園公式ブログ」への二〇二〇年六月二十七日投稿記事「こたぬき飼育日誌（R２・６・27）」（https://ameblo.jp/obihirozoo/entry-12607199898.html）に、保護の経緯や人工保育の様子がつづられている。二〇二一年八月二十八日確認。

（5） 盛岡市動物公園ＺＯＯＭＯ公式ツイッターアカウントの二〇二〇年十二月二十六日の投稿（https://twitter.com/moriokazoo/status/1342707021502586882）にて、検診中の写真と共に記載がある。二〇二一年八月二十八日確認。

（6） 「旭川市旭山動物園公式ウェブサイト」内「旭山にゅーす・ぶろぐ」への二〇一九年十二月十九日投稿記事「たぬき・タヌキ・ＴＡＮＵＫＩ」（https://www.city.asahikawa.hokkaido.jp/asahiyamazoo/news-blog/siiku-blog/d068099.html）に記載がある。二〇二一年八月二十八日確認。

（7） 「野毛山動物園公式サイト」内「ブログ」への二〇二一年六月十八日投稿記事「新規加入選手」（https://www.hama-midorinokyokai.or.jp/zoo/nogeyama/details/post-1381.php）にて子ダヌキが保護されたこと、その後の同年七月三日投稿記事「子タヌキ日誌　その２」（https://www.hama-midorinokyokai.or.jp/zoo/nogeyama/details/2-1.php）などで野生復帰に向けての飼育員の活動が記されている。

（8） 大牟田市動物園は同園公式ウェブサイト（https://omutacityzoo.org/）でコンセプトとして「動物福祉を伝える動物園」を掲げている。害獣駆除されたシカやイノシシを大型ネコ科動物に与える取り組みもおこなっている。二〇二一年八月二十八日確認。

（9）太田匡彦「余るライオン「猫より安い」 動物交換、その実態は」（「動物たちはどこへ 変わりゆく動物園 第二回」［https://www.asahi.com/articles/ASN9G72CSN8QUTIL011.html］）「朝日新聞デジタル」二〇二〇年より。

（10）ACジャパンCM第二弾「犯罪者のセリフ」『動物たち vol.190』公益財団法人日本動物愛護協会、二〇二〇年、四頁より引用。二〇二一年六月三〇日で同CMは終了したが、二〇二一年八月二十八日現在、第三弾「一目惚れ」を衝動的なペットの購入への啓発として展開している。

（11）「愛媛県立とべ動物公園」内「傷病鳥獣保護事業 鳥のヒナや幼獣をみつけたら」（https://www.tobezoo.com/animal_hp/notes.html）二〇二一年八月二十八日確認。

（12）二〇二一年八月二十八日に確認できた範囲でも、大阪府や新潟県、市区町村単位では埼玉県春日部市など、複数の自治体が、鳥のヒナの誤認保護は親鳥にとっては誘拐にあたるといった文面を使用して注意を呼びかけている。

引用文献

「公益社団法人日本動物園水族館協会ウェブサイト」（https://www.jaza.jp/）二〇二一年二月二十八日確認

若生謙二「横浜市よこはま動物園ズーラシアに「チンパンジーの森」をつくる」『藝術32』（大阪芸術大学紀要）二〇〇九年、九八頁

「多摩動物公園公式サイト」（https://www.tokyo-zoo.net/zoo/tama/）二〇二一年二月二十八日確認

高槻成紀『タヌキ学入門』誠文堂新光社、二〇一六年、七二、八〇頁

村田浩一「村田園長の動物日記二十三動物園で動物たちの写真を撮る！」『ZOOよこはま一〇三』横浜市動物園友の会事務局、二〇一七年、三頁

石田戢『現代日本人の動物観 動物とのあやしげな関係』ビイング・ネット・プレス、二〇〇八年、二九頁

太田匡彦「余るライオン「猫より安い」 動物交換、その実態は」(「動物たちはどこへ 変わりゆく動物園」[https://www.asahi.com/articles/ASN9G72CSN8QUTIL011.html])「朝日新聞デジタル」二〇二〇年
動物の愛護及び管理に関する法律
ACジャパンCM第二弾「犯罪者のセリフ」『動物たち vol.190』公益財団法人日本動物愛護協会、二〇二〇年、四頁
木下直之『動物園巡礼』東京大学出版会、二〇一八年、二三六頁

参考文献

『多摩動物公園 動物新聞三三四』二〇二〇年
東京都ほか編集「十三 多摩動物公園の誕生」『上野動物園百年史本編』東京都生活文化局広報部都民資料室、一九八二年、三六三〜三八三頁
金子浩昌・小西正泰・佐々木清光・千葉徳爾『日本史のなかの動物辞典』東京堂出版、一九九二年、四八〜四九頁
小宮輝之『くらべてわかる哺乳類』山と溪谷社、二〇一六年

タヌキとアライグマ

トイレ行きたくなってきた
体毛は全体的に
薄茶色だが、
目の周りから顎にかけてと
肩から前肢、後肢、
尾は黒い。
また、夏毛、冬毛があり、
まるまるとしたイメージは
冬毛のもの
耳は丸みのある
三角
四肢は短い
尾の黒色の範囲は
個体差があるが、
アライグマのように
縞模様にはなっていない

タヌキの特徴

分類：哺乳綱食肉目イヌ科タヌキ属
生息地：主に日本や東南アジアに自然分布し、
　近年はヨーロッパにも分布が広がっている
体重：3 ～ 9kg
食性：雑食性、地上に落ちている木の実や昆虫を食べることが多い
運動：木登りもできるがめったに登らない

アライグマは北米原産で世界的にも有名な動物といえる。日本では1970年代にテレビアニメの影響でペットとして輸入されることになったが、気性の荒さから飼育が難しく、捨てられたり逃亡したりして野生化したものが多かった。農作物への被害や生態系への影響から現在では特定外来生物に指定され、飼育や販売は禁止されている。

一方、タヌキは日本ではありふれた動物とみなされているが、タヌキのいない地域では珍獣扱いされ、タヌキと交換で希少動物の譲渡を受ける動物園もあった。毛皮をとる目的でロシアに移入したタヌキが野生化し、現在はヨーロッパにも分布を広げている。

早く洗いものしたい
耳が大きく、
白く縁どられて
尖っている
ヒゲが白い
尾に縞模様がある
指が長く、
物をつかむことが
できる
体毛はグレーや
ブラウンで個体差があり、
目から鼻にかけては黒い

アライグマの特徴

分類：哺乳綱食肉目アライグマ科アライグマ属
生息地：主に北米に自然分布し、
　近年は日本やヨーロッパにも分布が広がっている
体重：4 ～ 10kg、まれに20kg
食性：雑食性、川の水棲生物を襲って食べる
運動：木登りが得意

第2章

タヌキの群れと暮らした男

南宗明

はじめに

筆者はこれまでSNSで「タヌキのアイちゃんの日常」を記録し、同タイトルのフォトブックも自主制作するなど、タヌキのかわいらしさを発信し続けてきたが、その縁で本書にも寄稿することになった。この「アイちゃん」は、我が家で保護した子ダヌキで、当時はタヌキについて情報は少なく、「くさい」「畑を荒らす」「道でよく轢かれている」といった迷惑な動物扱いだった。一方、かわいいイラストにしたものはなぜか尻尾が縞模様というアライグマと混同した姿で描かれるなど、身近にいる動物であるはずなのによくわかっていない人が多かったように思う。

しかし、『タヌキとキツネ』（フロンティアワークス、二〇一六年）や『雨と君と』（講談社、二〇二一年）など、タヌキを扱ったマンガの影響もあるのだろうか、ここ数年でタヌキのファンは確実に増え、タヌキについての正しい情報も着々と広がりつつある。タヌキ好きとしては喜ばしいことだが、かわいいタヌキの画像を見れば、安易に自分も飼いたいという人が出てくるのは当然の流れだ。だが、タヌキを飼うということはそんな簡単なことではない。

夜行性で見かける機会が少ないだけで、都心にもタヌキは生息しており、実際に飼育している人は全国にいるようである。タヌキは、人に危害を加えるおそれのある特定動物や、生態系に被害を及ぼす特定外来生物にはあてはまらない。狩猟鳥獣の対象であるので、狩猟免許を取得した者が狩猟期間内に適法に捕獲したものは飼養できる。だが、狩猟期間は、北海道を除き十一月十五日〜二月十五日と定められている。タヌキは三〜五月に生まれ、生後半年で巣立ちするので、この時期に捕獲できるのは子ダヌキではなく成獣のみだ。そもそもペットとして飼育する目的での狩猟も認められていないが、成獣となったタヌキを捕まえても飼い慣らすことはかなり困難である。ペットとして飼育された犬や猫でも、なつかない、飼育しきれないなどの理由で捨てられている。興味本位で野生動物のタヌキを飼育することが広まってしまうとどうなるかは言うまでもないだろう。タヌキは見るにとどめておくに越したことはない。

狩猟ではなく、何らかの事情で親とはぐれた子ダヌキを保護するケースがある。私がタヌキ好きになり、タヌキに詳しくなったのも、我が家の排水溝で溺れそうになっていた五匹の子ダヌキを救出したのがきっかけだ。保護したうちの四匹を野生に帰し、病弱だった一匹を「アイちゃん」と名付け、五年弱の間、世話をしてきた。春先に事故やケガで子ダヌキが保護されることは日本全国でみられるが、そのまま個人による飼育が認められることはあまりないようである。では、なぜアイちゃんは飼えたのか？という疑問の前に、まずアイちゃんの生まれた奈

タヌキのアイちゃん

良・赤膚山《あかはだやま》の環境について歴史から説明していきたい。

一　赤膚山の歴史

大和国五条山（奈良県奈良市）は、埴輪を創出した垂仁天皇の墓といわれる宝来山古墳も近く、その付近一帯は古くから焼きものの材料に適した陶土が産出される場所であった。土を採るためそうなったのか、もともと不毛の山だったのかはわからないが、地肌の露出した五条山はいつしか赤膚山とも呼ばれるようになった。『日本書紀』の神武紀には波哆岳岬（ハタノオカサキ）という記述がみられ、波哆（ハタ）＝膚の丘（オカ）が赤膚山のことを指すのであれば、五条山という名称よりこちらのほうが語源としては古いのかもしれない。その後、赤膚山の名は『新続古今和歌集』の一つに「衣だに　二つありせば　あかはたの　山に一つは　かさましものを」（詠み人知らず）と詠まれている。

中世になると、一帯の土を利用して瓦や火鉢の製作がさかんになった。現在ある赤膚焼の原型となるものは、安土桃山時代の天正年間（一五七三〜一五九二）に、秀吉の弟である大納言豊臣秀長が、尾張常滑の陶工与九郎を呼び寄せ、窯を造り作陶させたのが始まりと伝えられている。しかし、この頃の陶器に赤膚の名前が記されたものはみつかっていない。

江戸時代になると五条山は郡山藩の御林山となるが、将軍吉宗の頃、柳沢家が郡山藩に移封される。三代藩主柳沢保光は茶の湯に造詣が深く、陶業にも力を注ぎ、領内に窯を造らせた。天明の頃（一七八一～一七八九）、五条山にも藩の御用窯が造られるが、このとき京都より陶工の治兵衛が召され、生産を開始する。治兵衛は名工で、保光より「赤膚山」の窯号と銅印を拝領した。ここから、この地での焼きものを赤膚焼と呼ぶようになったとされる。

その後、「東の窯」「西の窯」が分立され、治兵衛の窯は「中の窯」と呼ばれるようになった。幕末に活躍した陶工の奥田木白《おくだもくはく》も、この「中の窯」で数々の作品を作り出し、赤膚焼を有名なものにした。しかし明治十年代（一八七七～一八八六）以降は激変する世の流れの中で衰退し、「東の窯」も「西の窯」も廃窯されていった。ついには四代目の治兵衛が死去後の「中の窯」も競売に出されるほど奈良の陶業は凋落した。四代目治兵衛の子徳次郎はまだ十代でどうすることもできなかったのである。伝来の窯の道具なども散逸し、すべての窯が途絶え消えかけた赤膚焼であったが、治兵衛の血縁である古瀬家が「中の窯」を買い戻し、徳次郎が働きに出ていた大阪から呼び戻された。そして五代目の治兵衛となると同時に堯三《ぎょうぞう》を名乗った。このような歴史を経て、赤膚山では今も赤膚焼が作り続けられている。「中の窯」の窯元八代目を引き

赤膚山の一番高いところに植えた桜と藤とアイちゃん

継ぐ今の古瀬堯三は女性である。アイちゃんの日常を記録したSNSに投稿した、アイちゃんが反応して返事をしてくれる映像の中の人間の声の主であり、私の妻である（参考サイト https://twitter.com/oh_g_3/status/880666841986867200?s=19）。

現在、歴代の治兵衛が何度も修理しながら使い続けてきた大型登り窯や、その隣にある中型登り窯、明治期にトラス構造で建てられた陳列場の三件は国の登録有形文化財に指定されている。当窯の赤膚焼は代々守られてきたこの赤膚山の土から作られている。良質な陶土を確保するためには山を守らなければならず、土に影響が出ないよう草刈りはしても、農薬や除草剤をまくようなことはしない。手は入れつつも、できるだけ自然な状態を残そうとしている。また、敷地内には柿やブナ、クヌギなどの木があり、その実は野生動物の食糧となる。このような環境を維持しているため、ここに野生のタヌキがいても不思議ではない。この場所でタヌキのアイちゃんの日常は進んでいったのである。

二　タヌキとの遭遇

地内の山から掘り出した土の不純物を取り除くために水簸《すいひ》という作業が必要である。土を水に解かして砂利や不純物を分離させ、粘土分だけを集め、それを沈殿させて陶土にする工程だ。この作業をするための人工池は敷地内の排水溝とつながっていて、山の雨水はここへ流れ込む仕組みになっている。しかし盆地である奈良北部は降水量が少なく、台風シーズンが終わる秋の終わりから梅雨入り前までは雨が降っても山の土が吸収してしまう。そのため冬にこの排水溝に水が流れていることはあまりない。つまり野生動物にとっては非常に安全な獣道となる。また、タヌキにとっては暗く乾いた排水溝の中は夫婦で出産・子育てをするのに快適な巣となる。我が家で初めて見たタヌキは若くて経験の少ない夫婦だったのかもしれない。巣にしてしまったそこは排水溝の中だが、運悪く、梅雨の時期に水没してしまう場所だったのだ。

　地域によってズレはあるかもしれないが、赤膚山周辺のタヌキは五月後半が出産時期のようである。私たちはタヌキがそんな場所で巣を作り、子育てしているとは全く気がついていなかったが、突然の大雨によって知ることとなった。長くまとまった雨は夜中も降り続け、それまで乾いていた排水溝は久しぶりに川のような濁流であふれてい

タヌキが流されていた人工池

人工池につながる排水溝。
現在は写真のようにフェンスを取り付けた。

た。雨が上がった翌日、人工池でバシャバシャと何かが暴れているような音がする。陶土づくりのための池なので魚がいるわけでもなく、猫でも落ちたのだろうかと見てみると一匹のタヌキが水に浸かった状態でもがいていた。黒い毛玉のようなものもいくつか浮いている。排水溝にいたタヌキの親子は濁流に押し流され、そのまま出口の人工池に放り出されたようである。だが、四角い人工池の側面は垂直に切り立っていて自力では脱出できない。網で掬ってやろうとするが、あまりにも怖がって威嚇するのでうまくいかない。とりあえず長い木の板を池の淵から中へ斜めに立てかけて様子を見守る。親ダヌキはなんとかその板にたどり着き、板を駆け上って池の外への脱出に成功するが、人間を恐れて一目散に山へ逃げていった。一方、体力のない子ダヌキたちに助かったものはおらず、みんな冷たくなって浮かんでいた。その年はこれ以降、タヌキの姿を一度も見ることはなかった。この二年後にアイちゃんたち兄妹を救出することになる。

三　タヌキ飼育日記

アイちゃんたちを保護したときからは詳細な記録を残していたので、その記録に加筆して子ダヌキが野生に帰るまでの経過をみていきたい。

二〇一五年六月五日

この日は江戸時代から受け継ぐ大型登り窯を解体修理するプロジェクトの初会合の日であった。午後から強い雨が降り出す中、陳列場となっている店の中で会議は開かれていた。窯元である妻はその会議に出席していたが、店の外でキュンキュンと何かの鳴き声を耳にする。気になって鳴き声のするところを探しに出てみると、店と登り窯の間にある排水溝からずぶ濡れになった子ダヌキが一匹這い出して助けを求めていた。妻は慌てて段ボールの箱を用意し、その子ダヌキをタオルにくるみ救出した。会議の主である窯元が会議そっちのけである。

陳列場

一方、大阪で仕事をしている私のところへは夕方になって段ボール箱に入った子ダヌキの画像と「どうしよう？」というメールが来た。とりあえず安全な状態でそこに置いておいたら親が迎えに来るかもよ、と返事して急いで帰路に向かう。土砂降りの雨の中、夜

最初に救出された子ダヌキ

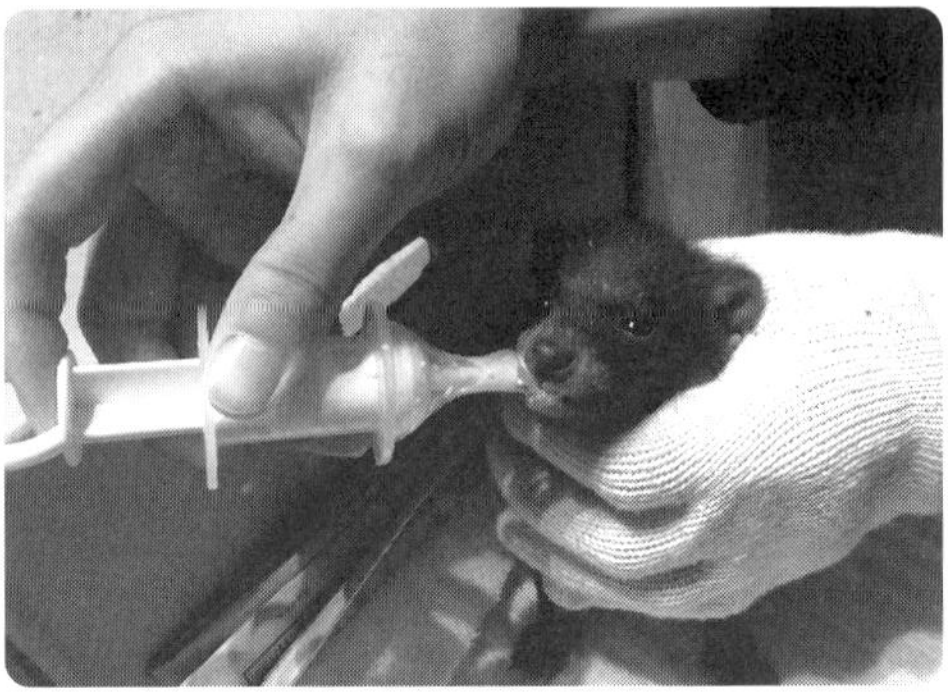
おっかなびっくりだが、とりあえずミルクを用意してみるとグイグイと飲んでくれた。

の八時頃に帰宅してすぐに子ダヌキを見に行く。排水溝の近くの雨のかからない場所に置かれた段ボール箱を覗くと、タオルの上で黒い毛玉がもぞもぞとしていた。親ダヌキは迎えに来ていなかった。

朝まで置いておこうかと思ったそのとき、目の前の排水溝からまだキュンキュンと鳴き声が聞こえる。川のように水が流れ込む排水溝の奥を懐中電灯で照らすと、手が届くかどうかギリギリのところで光に反射する目が見えた。仕方ない、水溜まりの中を腹ばいになって手を伸ばし、小さな毛玉に触れるとそのままつかみ引っ張り出す。もう一度、排水溝に手を突っ込むと、さらにもう一匹。ずぶ濡れの子ダヌキをなんとか救出したが、このままここに置いたままでは体が冷えて死んでしまうと思い、三匹を家の中へ。

室内で改めて見ると、生まれたての子犬のようでかわいらしい。でも、くっさ～！　ドブのヘドロのにおいだ。近所のホームセンターは夜九時までやっているな…、急いでウェットシートや子犬用ミルクなど必要になりそうなものを買いに走る。すぐに買い物を済ませ、犬の赤ちゃん用のシリンジにミルクを用意し飲ませてみようと口元に近づけてみると、においでわかるのかグイグイ来る。おなかを空かせていたようで三匹とも見事な飲みっぷりである。満腹になると三匹とも少し落ち着きをみせ、箱の中で団子のようになっている。ウェットティッシュで一匹ずつ体を綺麗に拭いてやるついでに、股の間をトントンと刺激してやると順番におしっことウンチも出し、すっきりした様子で眠りだす。ああ、これで三匹とも命の危険は脱したなあと一安心。全員、目は開いていたのでこの時点でおそらく生後二週間くらいだろう。

二〇一五年六月七日

日曜なので三匹の世話をゆっくりできる。三匹いるうちの一匹は気が強く、一応威嚇するようなそぶりを見せるが、ミルクを口元に近づけるとすぐに陥落する。あとの二匹は人間を怖がることもなく、おなかが空いたことをキュンキュン鳴いてアピールする。

ほんの三日前までタヌキの鳴き声なんて知らなかったなあと思いながら世話をしていると、外から別のタヌキの子の鳴き声が聞こえてくる。排水溝を見に行くが、声の場所が少し違う。地中の土管の中だと助けることもできないが鳴き声は続く。この場所だと思われるところから声は聞こえるが、侵入口が全くない。

いや、そもそもそんな地中深くから聞こえる感じではなく、もっと地上のほうから聞こえてくる。だが姿は見えない。どうなっているのだ？　と考えていると、目の前にある雨どいのパイプが目に入った。このパイプ、屋根から下の排水溝につながっている。中ほどで強引に外し、パイプの中を覗くと、すっぽりはまった子ダヌキと目が合った。排水溝の中にいたのが、水であふれてきたので上に延びるパイプのほうへ避難したものの途中で身動きが取れなくなったのだろう。

助けてやりたいがパイプが細くて手は入らない。無理に手を入れようとしても人に怯えてしまって子ダヌキが奥に引っ込んでしまう。何かいいものはないかと、家の中から使っていない目の粗いネクタイを持ってきてパイプの中へ垂らす。しばらく静かに待っていると子ダヌキの前足がネクタイにかかった感触が。粗い生地なので爪が引っかかってくれれば垂直に延びるパイプもうまく上がれるかもしれない。しっかり生地に前足がかかっているようなので、ザリガニ釣りのようにゆっくりネクタイを上へと引き上げると、空腹に耐えた四匹目の子ダヌキがこんにちは。救出してすぐは怯えまくっていたが、三匹と合流させると安心したのか落ち着きを取り戻す。

四匹もいると、どれがどれだかさっぱり区別がつかなくなってくるので色違いのモールを首輪がわりにつける。夕方、ミルクをやっていると、口の中にうっすらと歯が生えてきているのが確認できた。これはもしや離乳食など食べられるかも、と缶詰タイプのドッグフードを用意してみる。食べ物だとわかるようで、においで集まってきてパクパク食べる。とにかく食欲旺盛だ。

二〇一五年六月一七日

夕方に突然のゲリラ豪雨。三十分ほどで玄関の前が川のようになり、水路からも水があふれている。

すぐに雨は止んだので庭に出てみると、再び人工池のほうからタヌキの鳴き声が聞こえる。うわっ、また子ダヌキが溺れている。慌てて救い上げ、冷えた身体を温かいお風呂で綺麗にしてやり落ち着かせる。

しかし、この五匹目は四匹と同じ兄弟だろうか？　ひと回り以上は大きい。なぜ一匹だけ流されてきたのか。六月五日からずっと排水溝にいたのだろうか。いや、あのほぼ水没していた状態ではずっといたとは考えられない。ここからは私の推測である。警戒心の強いタヌキは巣が一カ所だけとは限らない。いくつかの拠点を持っている。あの日、親ダヌキは別の巣への移動を考えていた。だが生後間もない子ダヌキを全部移動させるには一匹ずつくわえて運んでいくしかない。順番に運んでいこうとしていたところに豪雨となり、四匹のもとへ戻れず、移動できた一匹と別の巣で数日過ごす。この数日間、それまで五匹で取り合っていた母ダヌキの母乳を独占できたことから、一匹だけになった子ダヌキはすくすくと成長していく。そして親子は水の上がった排水溝へ再び戻ってきてしまい、ゲリラ豪雨にあい流されてしまったのではないか……。

先の四匹を保護したのはまだ目が開いて間もない頃だったためか、数日で人に慣れてしまい、おなかが空けば鳴いて甘えてくるし、食べた後も遊びたいと甘えてくる。しかし、この五匹目は全く警戒心を解くことはなかった。歯もしっかりと生えていて咬まれるとかなり痛い。がっついて四匹が食事を摂っている間も、腹を空かせているはずなのに部屋の隅で固まったまま食べようとしない。

じゃあ、人の姿がなければ食べるだろうと一匹だけ別のケージに食事と一緒に入れておいても、翌朝、食べた形跡もないままうずくまっていた。相当人間が怖いみたいで近づくと威嚇。こちらもひるまずケージから出すために捕まえるとジョワーーッ、他の兄弟と触れ合った後、ケージに戻そうと捕まえてもジョワーーッ、とにかく何をしてもびびってしまいオシッコを漏らしてしまう。びびった子ダヌキは狸寝入りするのではなく、オシッコを漏らすのだなあという妙な発見に感心したが、人間と出会うのが十日ずれただけで、他の兄弟とこここまで違うことにも驚いた。

伐採した木で高低差ができるように置いてみたらよじ登って逃げだす。

生後一カ月ほどでこれだけの人間への敵意はどうやって形成されていくのだろう。犬の場合、三週齢～十二週齢が社会化期で、この期間に人や他の犬と触れ合う経験を多く積むことで外部の刺激をストレスと感じず穏やかに過ごせるようになるなど、後の性格に影響を与えるといわれるが、タヌキはこの社会化期の期間が短いのかもしれない。ここにタヌキをペット化できなかった一因があると思う。

結局、この五匹目の子ダヌキは、健康状態には問題なく、他の四匹に比べ体も大きいためカラスに襲われる心配はないだろう、また、保護してまだ日が浅く親元に帰れるかもしれないという期待から、保護してから三日目に巣のあった排水溝近くで放獣した（翌年の夏にこの子ダヌキと思われる個体が歩いていたので無事だったようだ）。

二〇一五年六月二十四日

三匹は順調に大きくなってきて動きも速くなっているのに対し、動きの鈍いのが一匹。

当初、他の子がおとなしく静かにしている中、一匹だけ鳴き続けてガサガサしていたり、世話をしようと近づくと威嚇して咬みついてきたりしたので「なんやアイツ！」「アイツうるさい」「アイツは小さいのに暴れて困ったなあ」と「アイツ」呼ばわりされていたメスの子。それをかわいらしく言い換えて呼ぶようになったのが、後のアイちゃんである。アイちゃんは動きが鈍くて、みんなに先に餌を取られてしまうから癇癪を起こしているのだろうか、と思っていたら体格差も出てきた。

二〇一五年六月二十八日

アイちゃんの様子が只事ではない。食事の用意をしていると、三匹の子ダヌキはにおいでわかるのかテンション高く集まってくる。それなのにアイちゃんだけはケージにうずくまったまま起きてこない。嗅覚が使えていないのは風邪でもひいたからだろうか。起こして食べさせようとしてもほとんど食べようとしないで、また眠ろうとする。おかしいなと思い抱っこしてみると、手の中でそのまま眠ってしまう。あれ？　これはほとんど昏睡状態に近い……。

急遽、他の三匹とはケージを別にし、アイちゃんだけ別に世話をすることにする。体温が下がらないよう、使い捨てカイロと一緒にタオルでくるみ、定期的に口の横からシリンジでミルクを飲ませる。

なんとか診てもらえる動物病院はないか探すが、タヌキを診てくれる病院がなかなかみつからない。だが調べていくと、県の指定で、保護した野生動物を診る病院があることを知り、早速予約を入れる。

二〇一五年七月一日

アイちゃん以外の三匹は、真っ黒な子熊のような姿から白っぽい毛が生えてきて、少しずつタヌキ顔になってきた。

保護した日から玄関の土間はタヌキの飼育小屋と化しているが、とにかく朝から晩まで掃除が大変だ。夜中はケージに入れているが、水飲み皿も一緒に入れておくと必ずひっくり返してぐちゃぐちゃにしてくれるので、ケージの中は給水ボトルに変更した。朝、ケージから出すと追いかけっこが始まる。いつでも飲めるようにケージの外に置いた水飲み皿は、この追いかけっこのときに体ごと突っ込んでひっくり返す。片づけて綺麗にしてから水を入れ直すと、今度は遊びなのかわざと手を入れ、またひっくり返す。さらに他の子が飲めないように水飲み皿の中にオシッコをするやつもいる。こいつらかわいい顔をしているが悪魔か？

ウンチの掃除も大変だ。野生のタヌキは溜めフンの習性があって、みんな一カ所に固めてするが、あれは大人のタヌキの話だ。子ダヌキは催したらいつでもどこでもする。しかも、ウンチを気にしないのか、遊びに夢中になるとみんな平気でそれを踏んでいってしまう。くっさ〜!

とにかく毎日、ウンチを片づける→全員順番に捕まえて子ダヌキの手足を洗う→一匹を洗っていると先に綺麗さっぱりした子が催してウンチをする→そこへなぜかもう一匹が突入して踏んづける→最初に戻る……。

延々とこれが続く。そんなの洗った後にケージに入れて隔離すればいいではないかと思うだろう。甘い。ケージの中を洗い、タヌキも綺麗にしてから入れるのだが、なぜか綺麗にした場所でするやつが毎回一匹はいるのだ。一番風呂ならぬ一番糞とでも言えばいいだろうか。しかもなぜか踏んづける。どうしてそうなる⁉ もう、やめてくれよ……。

こんな絵にかいたような形、人生で初めて見ました。

床がコンクリートの土間なので高圧洗浄機を使って水洗いしていたが、カーペットや畳の室内で保護していたら毎日地獄絵図だったに違いない。毎日ウンチの片づけをしている中、一度だけマンガのような奇跡の形をしたウンチを発見した。アニメ化もされたマンガ『Dr.スランプ』(集英社、一九八〇〜八四年)の主人公アラレちゃんが棒でツンツンしたり、大人気の漢字ドリルになったりしたあの形である。絵以外では見たことがなかったので、思わずカメラを持ち出し撮影してしまったが、ウンチを撮影してにやけている私も、冷静になってみると、ちょっと

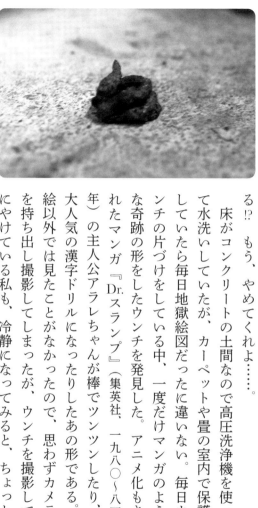

どうかと思う。

三匹は遊びながらスピードや体力をメキメキとつけている。そこでまずは自分で餌を捕る練習をさせようと考える。庭で虫を捕まえてきて、目の前に置いてみる。初めて見るものでも食べ物だと認識しているようだ。生け捕りしてよく動く虫はテンションが上がるのか、追いかけて食べる。しかし、虫を捕まえるといっても、食欲旺盛な子ダヌキはあっという間に食べつくしてしまうので、見つけるのもひと苦労だ。

妻にも協力を依頼したがあっさり拒否され、私一人、虫を探し回る。いい歳した大人が小学生男子のように空きビンを持って虫を集め、大物のバッタなどを捕まえると嬉々とした顔で戻ってくる。うん、この姿はちょっと誰にも見せられない。虫の中でもダンゴムシは庭のあちこちにいるのでビンいっぱいに集めることができたが、なぜか人気はなかった。見ても、ちぇっ、これかと興味なさげに無視する。自分から捕まえに行こうとしてくれないので、手に取って鼻の前に持っていってやると仕方なく食べる感じだった。なんだ、その好きじゃないおやつしか残ってないが、退屈でどうしようもないから渋々食べるような食べ方は。ただ、シャリッ、シャリッとスナック菓子のようにいい音を出して食べるのは勘弁してほしい。

もう外に出してもカラスに襲われることはないだろう。ただ、体は大きくなっても、餌の問題だけでなく、危険に面したときの対処法などまだ何も知らないことが多い。野生に帰すには多くのことを教えなければならないが、どうやって教えればいいのだろう。そういえばショーン・エリスの『狼の群れと暮らした男』（築地書館、二〇一二年）を読んだとき、そこまでやるか！　と衝撃を受けたのを思い出した。狼とタヌキでは全然違うが、野生動物と人間の交流という点では参考になるところも多い。

色々考えた結果、バカバカしいと思うかもしれないが、親ダヌキのフリをした行動をとってみることにした。「やってみせ 言ってきかせて させてみて 褒めてやらねば 狸は動かじ（字余り）」作戦である。

三匹の中で楽太郎と名付けた一匹は人の動きをよく観察して、新しいことにはいつも最初にチャレンジする賢い子だ。この子のおかげでびっくりするくらい作戦はうまくいった。

庭で集めてきたミミズや、釣り具屋で購入したミルワームなどを鉢に埋めて土間に運び込む。鉢を見ても食べ物ではないのでみんな興味なさそうだ。そこで三匹にわざと背を向けて鉢の土を掘り起こし、ミミズを探し始めてみた。土の中からミミズやミルワームをみつけるとムシャムシャと食べるフリをしてまた土の中に戻す。何をしているのか覗きに来た楽太郎が「えーーっ！　ボクらに隠れて何か食べてる！」と言いたげなびっくりした表情になる。慌てたように鉢に乗り、真似して前足で土をかきミミズを見つけては食べ始めた。楽太郎が何かを食べているのに気付いた他の二匹も、楽太郎の真似をして土の中から食べ物を探しだした。

二〇一五年七月三日

アイちゃんを病院で診てもらう。とりあえずジステンバーなどの病気にはなっていません。ただこの子は後ろ足が弱くて脱臼しやすいね、とのこと。目もあまり見えていないようなのだが、と伝えると、先生は鳥の羽を取り出しアイちゃんの前でヒラヒラと落としてみる。「あ〜、見えてませんね。正常だと動くものに反射的に眼球が動くんだけど、全然動かないわ」。懐中電灯で目に光を当てると瞳孔は大きさを変えているのだが、物を目で追うことを全くしない。

ひと通りの診察を終え、先生にアドバイスを求めるも、「先天的な病気など、弱いものが淘汰されていくのも自然の姿。たぶん野生だと兄弟の中で真っ先に脱落する予定だった子のはず。かわいそうだけど飼育しようとは思わないほうがいいですよ」ともっともな意見。ただ、なんとかしたいという思いが私たち夫婦の表情に出てしまっていたのだろう。「大変ですよ。相当覚悟しないと」と言いつつ、これを強制給餌して様子を見るようにと、高カロリーのヒルズ a/d 缶を用意してくれた。

二〇一五年七月五日

強制給餌を続けていても弱々しい反応しかなかったアイちゃんが、突然パッチリ目を覚ましたかのようにバタバタと手足を動かし始める。自分の意志で動こうとするので寝床の箱から出してやると、立って歩き始めた。良かったと安心する一方、壁や物にぶつかりまくっている。やはり見えてない。壁にぶつかって転んでいるのに、誰かに倒されたと思っているのかパニックになったようにギャーーーッと怒る。さらに他の三匹と合流させてみると、体格差もあって耳や尻尾を引っ張られるなど一方的にいじめられだした。看病のために別々にしていたが、一緒にするのは無理と判断し、引き続き隔離することにした。

午後、アイちゃん以外の三匹を初めて山の上まで連れて行く。ひょっとしたらここで山に帰っていくかもと期待して放してみたが、固まって動かない。まだ慣れていない場所で怖いのか、私にぴったりとついて離れようとしない。そこで走って逃げようとすると、三匹ともキュンキュン鳴きながら必死になってついてきてしまう。いきなりは無理だな。犬のように広い場所を喜んで駆け回るわけではないということがわかった。親ダヌキならどうするか想像して、もう一度作戦を練り直さねば。

二〇一五年七月十二日

三匹を連れて再び山へ。この一週間で怖くなくなってきたのか、外に出ても私の足元で取っ組み合いをして遊んでいる。

外に慣れてきたのはいいが、野生に帰ったときに警戒心がないのも困る。考えてみれば本物の親ダヌキだって、食料の調達をしに行く間は子どもに留守番させているはずだ。私たちの声がすれば出てくる、それ以外の音がすれば隠れる。そんなことができないかと遊び半分で実験してみた。まず足下に落ちている石を拾

外に出てかくれんぼ

い、草むらに向かって投げる。石が落ちた場所でガサッと音がするので、わざとその音に驚き逃げて隠れてみる。すると子ダヌキたちも慌てて近くの身を隠せそうな場所に逃げ込む。しばらくして私が出てきて呼んでみると、みんな隠れていた場所から出てきた。自分たち以外の物音に敏感に反応するこのやり方はうまくいきそうだ。

夕方、天気も良かったので三匹の寝床になっていたケージを外へ出す。つまり完全に外の生活になるのだ。セミが地中から出てくるこの時期なら餌探しも容易だろう。ケージの扉は開けっ放しにしておくので、これまで通りケージで寝るもよし、山で好きな場所に行くもよし。ただ、ケージの横に水や煮干しは置いておいた。

二〇一五年七月十三日

月曜日の早朝五時半。出勤前に様子を見に行く。ケージには誰もいない。野生に帰れたのだという安心した気持ち半分、もうちょっと一緒にいたかったという寂しい気持ち半分。

一応、ごはんの鶏肉を用意して呼んでみる。するとすぐ近くの笹のヤブからガサガサッ、ガサガサッ、と下りてきて顔を出す三匹。慌てすぎてずっこけながら駆け寄ってくる。夜はうまく隠れながら過ごしていたようだ。

二〇一五年七月十八日

夜は自由に山の中を動き回っているだろうが、暑い日中はどこで休んでいるのだろうと思っていたら、みんな稼働していない登り窯の中で昼寝していた。たしかにここなら雨風もしのげるし快適かもしれない。

二〇一五年七月十九日

この日は赤膚山元窯保存会と奈良市文化財課との共催で奈良市文化財公開講座が開かれ、多くの人が見学に訪れた。登り窯の前で窯元である妻が説明をしていると、声に気付いた子ダヌキたちが登り窯の中から出てきてしまった。それまで私と妻以外の人が通ると隠れていたのだが、妻の声で安心したのか、説明しているその足下でじゃれて遊び始

登り窯から出てくる子ダヌキたち

める。このとき見学に来た人たち全員の視線は、必死に説明する妻そっちのけで足下のタヌキの様子に集中していた。

二〇一五年八月一日

相変わらず日中は登り窯の中で昼寝しているようだ。江戸時代から続く大型登り窯は八室あって連なっているのだが、三匹は同じ場所ではなくそれぞれ好きな部屋に入って過ごしていた。自分の部屋を持っているタヌキとは贅沢なやつらだ。三兄弟で過ごしていると、誰かが何かを学習することで他の二匹もそれを覚える、といった良い関係を築いているようだ。ムカデに咬まれて口の周りを腫らすなど怖い経験もしているようだが、日々逞しくなっている。

夕方、登り窯のそばで座って声をかけると、昼寝から起きた子ダヌキたちがゾロゾロと出てくる。まだ私たち夫婦のことを親と思っているので、呼ぶと出てきてくれる。餌を持っているわけでもないのに集まってくるが、みんな膝の上に乗りたがる。人間慣れしてよくないのではないかとも思ったが、まだ親離れできない、もう少し甘えたい時期なのだろう。この子たちが自立して親ダヌキになったときに子どもにたっぷり愛情を注ぐことを覚えてほしいな。そんなことを考えながら、タヌキのほうからスキンシップをとりたくて甘えてくるときは、とことん甘えさせることにした。

二〇一五年九月八日

三匹のうちヒメちゃんと呼ぶメスの子が自立したようで、呼んでも来なくなった。精神面でメスのほうから早く子どもっぽさが抜けていくのは、タヌキもヒトも同じなのだろうか。そういえばオスの楽太郎とチビちゃん（雨どいのパイプに詰まっていた子）がバカみたいに取っ組み合いをしてはしゃいでいても、ヒメちゃんだけ離れて様子を見るところがあったな。でも淡泊というわけではなく、他の子を撫でていると嫉妬して必ず割って入ってくるし、自分だけを特別扱いしてほしいのにしてくれないとアキレス腱を狙ってかぶりついてくるし、なかなかなお嬢様だった。楽太郎も、呼べば顔を出すが、まとわりついてくることもなくなり、人の目につかないように隠れていることが多い。チビちゃんだけが今まで通り甘えてくる。

一方、アイちゃんに食事を与えていると違和感。軟らかい食べ物を与えているのに口の中からジャリジャリと音がする。何の音だ？　と思いながらバナナをかじらせていると口から白い小石のようなものが落ちた。手に取ってやっとわかった。乳歯が抜けていたのだ！

二〇一五年十月七日

大人のタヌキの体重は三～一〇キログラムといわれる。夏が過ぎてこの時期になってもアイちゃんの体重は二キログラムに届かない。自力で餌を探すことができないため山に放しても生きていけないのは明らかだ。野生復帰は無理だが、このまま家に置いておくのも問題はないのだろうか。日本では無断で野生鳥獣を飼うことは法律で禁止されており、飼養の際には自治体による保護飼養登録を受ける必要があることがわかった。そこで、奈良県庁の農林部へ相談に行く。奈良県では傷ついた野生鳥獣の保護飼養ボランティアという制度があった。そこで登録を行ない、アイちゃんを飼養できるように申請する。許可が下りれば正式に飼養できるのだが……。

二〇一五年十月三十日

奈良県から正式に飼養許可の書類が届いた。飼養保護は一年ごとの更新（四年目に入った頃、一年ごとの更新は不要と連絡が来る）。

誤解しないでほしいのだが、奈良県だと容易にタヌキを飼育できるということではない。野生鳥獣は野生のままにいるべきで、人は介入するべきではない、という考え方は全国どの自治体も同じようである。申請のとき、ケージの有無、所有しているケージの大きさ、現在飼育しているペットの有無等、いくつかの項目を聞かれたが、条件的にクリアできたようだ。

①保護した場所…自宅の敷地内
②保護した動物の状態…ほぼ目が見えず、自力で採食できない
③ケージの有無…あり
④飼養する設備…六畳ほどの土間がアイちゃん専用スペースになる

⑤飼養する環境…二十四時間、私か妻が必ずいる

⑥保護飼養の経費を負担できるか…まあ、できるかぎりのことはします

もし道で拾ったのならその場所に戻すように言われただろうし、ペット不可のマンション住まいや留守がちで世話のできない家でもダメだっただろう。ただ、保護できる条件が揃っていたとしても、保護飼養ボランティア制度のない他の自治体では許可のハードルは高く、ケガをしていようが人になついていようが問答無用で突っぱねられるところがほとんどのようである。

二〇一五年十一月十日

楽太郎も、呼べば来るのが二日に一回になり、三日に一回になり、五日に一回になり、ついに来なくなった。事故にでもあったのでは、と心配するが、裏山に一匹だけのものではない、まだ新しいため糞場も発見したので元気にはしているようだ。でも少し寂しい。

チビちゃんだけは相変わらず毎日やってくる。この子は性格がおっとりしているせいで楽太郎たちに先に餌を全部食べられてしまい、体が小さかったことからチビちゃんと呼んでいた。だが、外に出してからもごはんをもらいに毎日やってきて、満足するまで甘えてくる日々を続けるうちに、誰よりも大きなタヌキになっていた。

二〇一五年十二月一日

チビちゃんも朝や昼に姿を見せることはなくなり、夜だけやってくるようになった。中身は子どものままで、まだ抱っこされにくるが、食後、ある程度の時間を一緒に過ごすと自ら山に戻っていく。楽太郎は白米が好きだったがチビちゃんはパン派だった。同じ兄弟であってもタヌキは食の好みに違いがある。個性があって面白いと思ったが、もしかしたら森の中で食べ物を巡る争いを極力減らすための生存戦略かもしれない。

二〇一五年十二月二十七日

アイちゃんは目が見えないからだろうか、ジャンプして飛び越えるという動きはしないし、爪を使って高いところを登ろうともしない。だから二〇センチほどの高さの柵があれば事足りる。土間の入り口も低い板を立てておくだけで十分な壁となった。

この日の夜、土間の戸を開け、掃除をしていた。開けた戸の足下に板を立ててあるので、アイちゃんも掃除をしている横で自由に歩き回っている。そこにチビちゃんが様子を覗きに来た。物音がするので確認しに来たのだろう。一緒に住んでいた頃も、チビちゃんだけはアイちゃんをいじめなかったので呼んでみると、板をひょいと乗り越えて入ってきた。比べてみると親子かと思うくらいに大きさが違う。アイちゃんはこの頃やっと一・六キロ。チビちゃんは推定六キロ。久し振りの再会だが、小さいままのアイちゃんを確認して納得すると、何もせずチビちゃんは帰っていった。

二〇一六年二月二十二日

そろそろ繁殖期を迎え、相手をみつける頃だ。チビちゃんも来る頻度が数日に一回になったが、相変わらず夜にやってきては甘えて過ごしていたのでこのまま居続けるのだろうかと思っていたが、そんなことはなかった。

いつものように夜にやってきたので茹でた鶏肉やパンなどを与えていた。この日はなぜか食べている最中もしきりに山のほうを気にしていて落ち着きがない。そして食べるのを途中でやめ、山のほうに向かってキューンと鳴くと、そのまま山へ走っていってしまった。近くにメスでもいたのだろうか。

この日からチビちゃんはもう来なくなった。タヌキが自立する時期をタヌキ側に任せて育てていった結果、自立時期、生後四カ月の九月から生後九か月の二月まで、自立時期には差が開いた。野生の親ダヌキは兄弟に差をつけずに、ある時期に一斉に親離れさせるのかどうかはわからない。ただ、どの子も人の元に居続けるという道は選ばず、自ら野生に帰る選択をしていった。毎日が試行錯誤の連続で何が正解だったかはわからないが、とにもかくにも三匹のタヌキの子

親子かと思うくらい体格差がついたチビちゃん（左）とアイちゃん（右）

育てはこれで完了した。

四　アイちゃんとの生活

二〇一六年三月よりSNSを始め、発信することにした。アイちゃんを飼養するのにタヌキの情報を多く集めたかったからだ。タヌキについての情報の少なさに自分が苦労したので、これからタヌキを保護した人に、自分が経験して得た知識を少しでも役立ててもらいたいという思いもあった。

有益な情報や温かいメッセージをいただくことが多く、SNSはとても役に立ったが、おかしなものというか困ったものも当然あった。せっかくなので紹介しておこう。一つは自分もタヌキを飼いたい。自分は金持ちで東京に七〇〇〇坪の庭がある。新たにタヌキを保護したら内密に譲れ、というもの。全くやりとりをしたことのない人からのいきなりのメッセージで、何を言っているのだ！　と怒る気持ちを静めつつ、それだけ広いお庭をお持ちでしたら野生の子がそこにいるのではないでしょうか、と答えておいた。

二つ目は複数のテレビ関係者。いくつかの番組から取材の問い合わせが来たが、すべてお断りした。タヌキのかわいらしさにだけ焦点を当て、野生動物との距離感など、こちらが危惧する点を正しく伝えてくれないかも、という心配があったからだ。だがこちらが心配している点を理解した上で（と最初は思っていた）、熱心に取材してくる番組が一つだけあった。動物が好きなのでよく観ていた番組だったということもあり、電話で質問に答えていたが、話していくうちにどうも要領を得ない。アイちゃんを保護した経緯を聞かれたので説明するが、日を改めるとまた同じ質問。何度も説明しているのに別の担当が出てくるとまた同じ質問をしてくるので、やはり同じ説明をする。そのうち向こうの本性がだんだん出てきた。

撮影に行ったときに呼べば返事してくれるか？

――毎回返事するわけではないからわからない。

庭を歩いている様子を撮れるか？

唐草模様のバンダナがトレードマーク

――撮影に来たタイミングで起きているかはわからない。基本、寝ている時間がほとんどで、体調を考えると無理に起こすなどはありえない。

出演者が抱っこしたり、膝の上に乗せたりできるか？

――やめたほうがいい。タヌキは鶏頭など骨ごと噛み砕いて食べる。知らない人のにおいや声に怖がって、万が一咬みついたときのケガは相当ひどいものになる。

東京のスタジオに連れてくることはできないか？

――病弱だから保護しているのに、そんな長距離

の移動などさせられるわけないだろ（怒）
　都合よくかわいい画だけ撮れればそれでいいという姿勢に嫌気がさし、こちらはアイちゃんの体調が優先でテレビのために無理をさせるようなことはできない、病弱で野生復帰できなかったから保護しているタヌキであって、自由に飼育していい動物ではないこと、野生動物にはできるだけ人間が介入しないようにすることなどを番組で紹介してくれるなら撮影に来ても大丈夫だと伝える。
　その結果、番組の思惑とは違ったらしくボツになったようである。何日も何時間も電話で無駄に時間を割かれて腹が立ったが、アイちゃんのことを考えればボツになって少しホッとした。
　それ以来、その番組は積極的に観なくなってしまったが、リニューアルしたのならどんな動物も人間の望む通りにコントロールできるかのようなストーリーを作るのではなく、動物のありのままの姿を見せるような番組になってほしいなと思う。

　アイちゃんを飼養して気付いたことはいくつかあるが、他のタヌキも同じだという点もあれば、アイちゃんだけの個性だという点もあるだろう。すべてのタヌキがこうではない、という認識で読んでもらいたい。
　ＳＮＳでは温厚な姿ばかりを載せていたが、アイちゃんも最初の一年は手をつけられないほどの切れっぷりであった。他の肉食獣のような立派な牙は持っていないが、十分鋭い。怒って攻撃するときは、大きく口を開けて咬みついてくるのではなく、顔をガンッとぶつけてくる感じだ。だが、その一瞬で牙が当たったところから流血する。アイちゃんを初めてお風呂に入れたときにやられたことがある。バケツに張った湯船の中で最初はおとなしく洗われていたのだが、少しずつ不満げな表情になってきたので出そうとしたそのとき、近づけた腕に向かってウギャゥ！　という声と同時に衝撃がガンッと来た。あ〜、怒っちゃったな〜、ごめんごめん、と思っているうちに腕から血が滴り落ちている。痛みは少し時間がたってからじわじわと来た。気付かぬ速さで皮膚が切り裂かれている。何？　その南斗水鳥拳みたいな切れ味。体の小さいアイちゃんでもこの切れ味なのだから、体の大きな普通のタヌキにはうかつに指など出さないことだ。

　目の前にある命をなんとかしたい、という思いだけでアイちゃんたちを救出したことから始まったタヌキとの生活。人間のエゴで保護することが正しいことだろうかと自問することは多々あった。世話の仕方など全くわからず、試行錯誤の毎日だったが少しずつ経験を積み慣れていった。もう何の心配もないな、と安心しているとそんな時間は長く続かないぞ、とこちらの甘い考えをぶっ壊してくれるのがタヌキである。

　二〇二〇年一月二十六日、アイちゃんは眠るように息を引き取った。当初、半年ももたないと言われていた子が四年八か月、生きてくれた。晩年は犬よりもおとなしいのではないかと思うくらい穏やかに毎日を過ごしていた。しかし、大人になってからは最後まで体調が悪化しているそぶりも見せなかった。さすが野生動物である。野生復帰した楽太郎たちと復帰できなかったアイちゃん。共通するのは全員、別れが突然なことである。

以下、タヌキの特徴について言い漏れていたことを、項目に分けて述べてみたい。

◎においについて

タヌキはくさい？　野生の子は排水溝を巣にしていることもあり、くさいのは仕方がないし、糞尿がくさいのも当然だ。

では体臭はどうかというと、お風呂に入れてブラッシングするなど手入れをしていれば、犬と同じだ。ただ、どれだけ洗っても犬とは違う独特の芳香がある。その芳香はいやなものではない。表現するのは難しいが、私の中では干した布団のにおいと墨汁のにおいを合わせたような感じだ。だから日常ではくさいと思ったことはないのだが、非常時にとんでもないにおいを発することがある。イタチやスカンクが有名だが、タヌキも肛門の近くに臭腺があり、驚いたり威嚇したりするときにここからスプレーするのだ。魚が腐敗したような独特のにおいで、これが部屋に充満するのはかなりきつい。アイちゃんは穏やかな日常が多かったので滅多になかったが、雷に驚いたときには見事にこのにおいが充満した。

部屋の消臭は色々試してみたが、あまりケミカル的なものは使いたくなかった。最終的に納豆・砂糖・ヨーグルト・ドライイーストで自作した納豆菌スプレーが一番安上がりで効果が高かった。

◎時間の感覚について

野生のタヌキは夜行性である。食料探しの際に警戒しながら歩き回るには、暗い夜に活動するほうが安全だからだろう。しかし人と生活し、食と住の心配がなくなると、人間の生活リズムに合わせるようになる。

アイちゃんの場合、私が出勤前に朝ごはんを食べさせ、午前中に庭で日光浴。午後三時頃に妻がおやつをやり、夜に私が帰宅して夕食。基本はこのような生活パターンだった。昼間は寝ていることがほとんどなので夜はずっと起きていたかというとそんなことはなく、食事を摂った後は夜でもしっかり寝ていることが多かった。毎日観察していて気付いたのだが、どうも一日二十四時間のリズムではない。圧倒的に寝ている時間の割合が高いのだが、全く寝る気配がなく延々と歩き回るときが周期的にやってくる。また、寝ていても、起こしたときにすぐ起きるときもあれば、全く起きようとしないときもある。なんとなくアイちゃんの体内時計は一日四十時間くらいの周期なのだろうかと感じていたが、目が見えないことによる影響があったのかもしれない。

外に出ると散歩ではなく昼寝

◎タヌキのワクチン接種

飼養許可が下りてからは、最初にお世話になった野生動物を診てくれる病院とは別の動物病院がアイちゃんのかかりつけの病院になるが、どちらにも同じ質問をしてみた。犬のようにワクチンを打つべきか？

すると、どちらも特に必要はないと思いますとの返答だった。全国どの先生もそう答えるかどうかはわからないが、アイちゃんはワクチンを打たなかった。ただし、フィラリア予防、マダニ、ヒゼンダニ駆除の薬は月に一回打っていた。

五　タヌキと人間の距離

昔から、「かちかち山」などの童話に登場するタヌキはいたずらをして人間を困らせるものが多いが、あれは正しい。昔の人がタヌキを飼育して苦労した実体験からあのようなイメージが出来上がったのだろう。タヌキのいる場所に大事なものは決して置いてはいけない。木製品、布製品、革製品、紙類など、爪や歯で傷つけることができるものはすべて破壊する。目を離したスキに犠牲になった靴は多数。掃除用のキッチンペーパーなどは手の届くところに置けば一瞬でやられる。ソファや観葉植物、カーテン、ふすま、壁紙のある普通の室内でペットとしてタヌキを飼いたいなどと考えないことだ。健康なタヌキなら一匹いるだけで家をまるごと一軒壊しまくるはずだ。

養殖されたタヌキがペットとして販売される事例も出てきていることから、今後タヌキを飼育しようとする人が多く出てくるかもしれない。ただ、安易に飼い始めた結果、大ケガをする人が続出して、タヌキは悪というイメージが再び広まる未来を想像してしまう。おとなしい性格の子だけで交配を続ければ何世代か後には犬のようになるかもしれないが、する人がいないだろうし、できたとしても来世紀の話だろう。そんな先の未来だと、面倒くさい生身の動物を飼育するのは一部の人間の道楽としてだけ残り、動物型ロボットが癒しのために普及しているだろうか。アンドロイドが電気タヌキの夢を見る時代になっているのかもしれないが、それでも野生のタヌキは環境に適応して、しぶとく生きていることを願ってやまない。

Column 02

タヌキQ&A

Q タヌキはだれでも飼えますか？

A 野生動物を保護して飼養するには、自治体による許可が必要です。

また、猫と比べても破壊力がすさまじく、生半可な気持ちでは育てられません。

Q タヌキはどんな鳴き声？

A 高い声でキューンと鳴きます。

犬のように吠えることはなく静かな動物です。

Q タヌキは何を食べるの？

A 雑食ですので昆虫や鶏肉、パン、野菜、果物など何でも食べます。アイちゃんはドッグフードを中心にバナナやスイカ、柿、サツマイモ、カボチャなどをよく食べていました。かなり甘党です。

Q タヌキの指は何本?

A 前足は5本、後ろ足は4本です。
爪は猫のように引っ込めることはできません。

Q タヌキの毛はどんなかんじ?

A タヌキの毛は複雑です。外側の毛は少しかためです。
冬は内側にふわふわでやわらかいグレーのアンダーコートがみっちりと生え、寒さから身を守っています。
外側の毛は茶、白、黒、グレー、ベージュなどで、年齢とともに薄い色の割合が増えていきます。

Q タヌキの瞳孔はどう変わる?

A 犬の瞳孔は明るい場所でも丸いですが、
タヌキは猫やキツネと同様、
明るい場所では縦に細くなります。

第3章

街角狸研究序説

村田哲郎

一　街角狸との出会い

私が初めて「狸」と出会ったのは二〇一〇年のことだ。街や店で飾られている「タヌキ」らしきものの存在はもちろんそれ以前から知っていたし、スタジオジブリの名作映画『平成狸合戦ぽんぽこ』（高畑勲監督、一九九四年）もリアルタイムで見ていたので、正確には初めて出会ったわけではない。それでも、その狸を見た時、私の中の常識が覆るような衝撃を感じた。その狸は、当時住んでいた家からほど近い駐車場の隅で、プランターの中に半ば埋まっていた。微笑んだ顔は、可愛いと言えば言えなくもないが、全く焦点の合っていないうつろな目をしていた。色あせたその姿からは、かなりの年月その過酷な状態に置かれていたことが容易に想像できた。元来、縁起物であるはずの狸の置き物が、何故このような扱い方をされているのか。その疑問こそが、私が感じた衝撃の正体であった［fig.1］。

fig.1　初めての狸

街を歩いてみると、ごく近所にたくさんの狸を見つけることができた。そして、それらが大きさも形状も全て異なっていることを初めて知った。今にして思うと、その街は関東の一角にあって珍しいほどの狸の生息地域で、中でも狸ストリートと言ってもいいぐらい狸が多く置かれている通りに、私は住んでいたのだった［fig. 2, 3, 4］。私は街で狸の置き物を見かけるたびに、写真を撮り集めることにして、まだ見ぬ新しい狸との出会いが、生活の楽しみとなった。いったい日本には狸がどれぐらいいるのだろうか。そんな疑問が湧き上がるとともに、その全てを見てみたいという欲望が湧いてきた。もしも私が資金潤沢なコレクターだったなら、すぐに陶器店へ行き、片っ端から狸を購入していたことだろう。だが、私にはとてもそんな資金も、狸を並べて保管しておけるようなスペースもなく、妻の厳しい視線を感じながら数体の狸を購入するのがやっとだった。そこで、ＳＮＳを通じて、各自が見かけた狸を「#街角狸」

fig. 2　駅周辺の狸①

fig. 3　駅周辺の狸②

fig. 4　駅周辺の狸③

fig.5 小便小僧狸（なかたくん撮影）

として投稿してもらい、ネット上で狸を収集しようという作戦を考えた。

私の作戦は功を奏し、膨

fig. 6 巨大狸

大な数の「街角狸」がネット上に集まることとなった。投稿を眺めているだけでも全国各地の狸スポットを知ることができ、さらに見たことのない狸が次々現れるので、興奮を抑えられなかった。改造され、目を光らせながら小便小僧のように水を噴出する狸［fig. 5］、通常の置き物サイズを優に超えた超巨大狸［fig. 6］、豚の面をかぶらされて店番をさせられている狸［fig. 7］、ヴィーナスの誕生よろしくあさりの貝殻に乗って微笑む狸［fig. 8］。置かれ方にも癖の強い狸がたくさんいる。ホースを巻かれてホースリールと化している狸［fig. 9］、「たぬ木」の木に張り付けにされた無数の狸たち［fig. 10］、駅のホームで通勤客を見送る狸［fig. 11］。見慣れた日常の風景に溶け込んでいるにもかかわらず、何故か見る人が化かされているような気分になる。狸にはそんな不思議な力があるのかもしれない。

珍しい狸、面白い置かれ方をした狸、それは私の心をつかんで離さなかったが、

fig.7……豚面狸

fig.8……あさりのぽこちゃん

fig.9……ホースリール狸（路上園芸学会さん撮影）

fig.10……たぬ木

fig.11……ホーム狸（須貝さん撮影）

投稿があるたびに狸を見ていると、珍しい狸ばかりではなく、よく見かける形の狸もいることに気がついた。そうなると、今度は同じ種類同士で分類したり、整理したくなってくる。ところが、書籍やネットにあたってみても、これらの狸を誰がどこで作っているのか、何種類存在しているのか、そのような解説は見当たらない。また、狸はどこに置かれるものなのか、お店の前なのか、家の前なのか、全国にどのように分布しているのか、それは皆目見当がつかなかった。人間であれば国勢調査によって全国にどのぐらいの人が暮らしているか把握できるが、狸にそんな調査はない。これはとても純粋な疑問だが、いったい誰が何のために狸を飾るのかという人間の精神分析にもつながる、非常に根本的で重要な疑問だった。さらに投稿された狸を詳しく見てみると、狸の持ち物にも種類があることが分かる。基本的には徳利と通帳、そして杖という組み合わせが多いが、中には両手にふくろうや招き猫を持ったものもある。さらに言うと、徳利と通帳を左右それぞれの手で持っているが、はたしてどちらの手で持つべきなのか。これはいわば狸の利き手問題ともいえる。別に狸の利き手がどちらであっても誰に何の影響もないが、それでも気になりだしたら止まらなくなってしまう疑問だ。

「狸は誰が作っているのか」「狸はどこにいるのか」「狸は何を持っているのか」、この三つの問いの答えはネットにも書籍にも載っていない。であれば自分で調べるしかない。幸いなことに目の前にはたくさんの人が投稿してくれた膨大な街角狸のデータがある。あとは丹念にそれを分析していけば、きっと答えにたどり着けるはずである。

二　狸の置き物とは何か——信楽狸の歴史と変遷

一般的な狸の置き物

街角狸の詳細に入っていく前に、そもそも狸の置き物とは何なのか。その歴史について触れておきたいと思う。我々が街で見かける狸の置き物は一般的に、笠をかぶり、徳利と通帳を持ち、二本足で立ち上がった姿をしている。この姿は「酒買い小僧」と呼ばれる。顔つきに動物らしさはあるものの、多くはにこやかに笑った顔をしているので、人間と見間違いそうだが、ふくよかなお腹と大きな金袋が目に入ると、もはや人間どころか実在の動物としてはあり得ないシルエットになっている。

また、狸が茶釜に化けた、いわゆる「文福茶釜」スタイルの置き物もあるし、僧帽に化けた「狸和尚」スタイルも存在する[fig. 12, 13]。いずれにしても狸が化けるという昔話から着想を得

fig. 12　文福茶釜狸

fig. 13　狸和尚ポスト

て、擬人化された狸の置き物が作られるようになった。狸は何にでも化ける。ただし完璧に化けるのではなく、どこかに狸らしい痕跡（例えば葉っぱや尻尾、顔の隈など）が残ってしまう。このようなイメージが狸の置き物にも共通して見ることができる。そしてこのことが、狸の置き物に豊富なバリエーションを生むことになった理由といえる。

信楽狸の歴史――藤原銕造の狸

狸の置き物を最初に作った人が誰なのか、残念ながらそれは分かっていないが、江戸時代には信楽をはじめ、京都、常滑、備前などで擬人化された狸像が作られていたようである。これは同じ時代に浮世絵や読本などで人を化かす狸が生き生きと描かれ、広まったことと関連付けられる［fig. 14］。

一方で、現在最も多く生産され、街で見かけることのできる「酒買い小僧」スタイルの狸を初めて作ったのは藤原銕造《てつぞう》といわれている。藤原銕造は明治九年（一八七六年）生まれで、昭和四十一年（一九六六年）に九〇歳で亡くなっている。九歳から伯父の清水焼の窯元「丸音陶房」で働き、そこで初めて狸像を作ることになったのだが、藤原銕造が何をモチーフに「酒買い小僧」姿の狸像を作り始めたのかは分かっていない。藤原銕造が亡くなってからまだ五十年ほどしか経っていないし、彼が信楽に開いた狸専門の窯元「狸庵《りあん》」は現在も続いているので、このあたりのことが明確に語られていてもおかしくないが、どうも狸に関する事柄は、わざと真実をぼかして遊びを残しておく傾向があるらしい。少年銕造が月夜の晩に踊るタヌキを見たという説や、夢の中で狸像を作るようにお告げがあったという説もある。ただ、おそらくそのモチーフに影響を与えたのは妖怪「豆狸《まめだ》」なのだろう。

豆狸は江戸時代に語られた妖怪で、広げた陰嚢を笠の代わりにして、雨の夜に酒を買いに歩くとされる［fig. 15］。「雨のしょぼしょぼ降る晩に　豆狸が徳利持って酒買いに」と歌われるわらべ唄もある。当時はまだ瓶詰めの技術が一般的でなかったので、客が自ら徳利を持って酒屋に行き、酒を入れてもらうのが通例だった。支払いはいわゆるツケ払いで、記録のための通帳《かよいちょう》を持参することになっていた。酒飲みの父親に言いつけられて、子どもが遣いとして酒を買いに来ることもあっただろう。豆狸はそんな「酒買い小僧」に化けてまんまと酒を手に入れていたのかもしれない。

また、豆狸は美味しい酒を造る酒屋に住むとされ、豆狸がいる酒屋は儲かるという、座敷わらしのような迷信もあったようだ。江戸時代から伝わるこのような話が、少年鋳造のみならず、広く一般的に知られていたとすると、「酒

fig. 14　浮世絵「狸のすもふ」歌川国芳、江戸時代後期（『ようこそたぬき御殿へ——おもしろき日本の狸表現』滋賀県立陶芸の森、二〇〇七年）

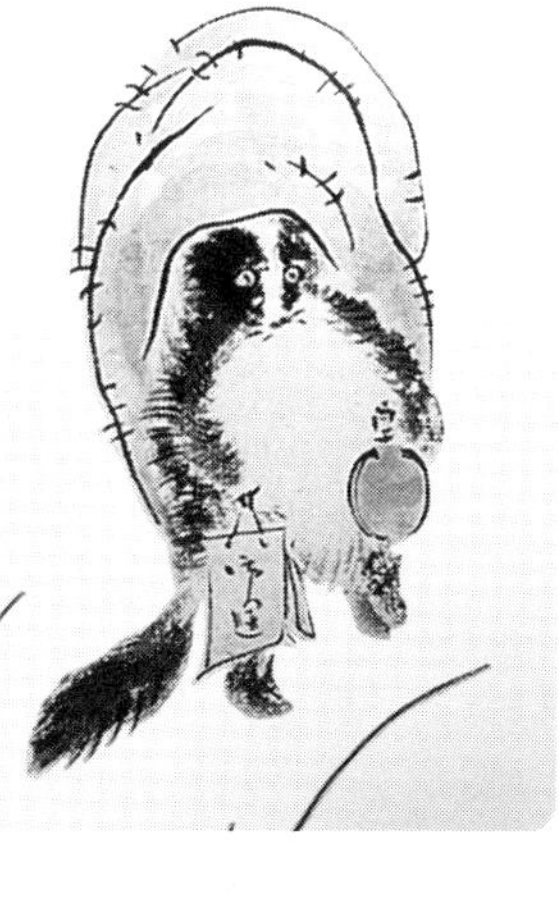

fig. 15　『ふぐり傘狸』日比野白圭、明治時代後期〜大正時代（『ようこそたぬき御殿へ』）

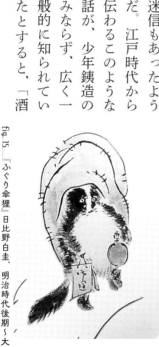

買い小僧」スタイルの狸の置き物が、洒落の効いた縁起物として受け入れられたのもうなずける。

では、この「酒買い小僧」狸を最初に購入したのは誰なのか。これも真相は藪の中だが、京都の料亭「一休庵」にはかなり初期の頃の藤原銕造作の大狸が納められており、押し入った泥棒が肝を冷やして逃げ出したとか、商売が繁盛したとか、そのような逸話が残っている。このあたりのことがいわゆる口コミとして広まり、「酒買い小僧」狸の人気に一役買ったのだろう。

なお、「酒買い小僧」狸が持つ徳利には、現在に至るまでほぼ全てにおいて「丸八」の字が書かれている。この文字が何を表しているのか、これも例によって本当のところは明らかになっていない。最初期の藤原銕造作の狸がぶら下げていた徳利は、残念ながら消失してしまっていて確認できないが、それでもかなり早い段階から、丸八の文字が書かれていたことが分かっている[fig. 16]。初めて注文を受けた店の屋号に八が付いていたのか、単純に末広がりで縁起が良いと感じたからなのか、はたまた尾張徳川家の合印だとする説もある。確かに徳利に何も書いていないと味気ないし、かといって酒と書いてあっても説明的すぎて面白くない。結局、理由は諸説ありのまま、狸には欠かすことのできないデザインとして定着している。

fig. 16……「狸置物」信楽・初代狸庵（藤原銕造）、明治時代末〜大正時代（『ようこそたぬき御殿へ』）

藤原鋳造の狸が京都で人気となった後、主に鋳造の兄弟、親戚が中心となって信楽の窯元で狸を制作し始めた。鋳造は昭和六年（一九三一年）に狸専門の窯「狸庵」を開くこととなり、以来、信楽が狸作りの中心地となった。

ところで、林丈二著『東京を騒がせた動物たち』（大和書房、二〇〇四年）は明治時代の新聞記事から動物に関わるものを抜き出し、登場する動物ごとにまとめたものだが、そのなかのタヌキの項目に陶器絵師松本芳延《まつもとよしのぶ》についての記載がある。彼は歌川国芳門下の画工だったが、明治十九年（一八八六年）浅草田圃に「たぬき汁」の店を開き、その玄関前には「陶製の狸が徳利をさげた形で立っていた」とある。これが事実だとすると時期的に藤原鋳造の狸とは考えにくく、東京という場所を考慮すると今戸焼の狸像であった可能性が考えられる。今戸焼は江戸時代から明治時代にかけて東京の今戸や橋場で焼かれていた陶器で、そのなかには今戸人形と呼ばれる置き物もあった。招き猫や稲荷の狐にまじって狸像も作られていたが、現存している当時の型には徳利をさげたものはなく、この狸が今戸焼であったという確定的な情報は見つかっていない。

流行のきっかけ①――昭和天皇の和歌

信楽の狸が全国に知られることになったきっかけが、昭和二十六年（一九五一年）の昭和天皇信楽行幸であることは有名な話だ。日の丸の旗を持たせた信楽狸を沿道に並べ、天皇を歓迎した光景に昭和天皇が感激し、「をさなとき　あつめしからに　懐かしも　信楽焼の　たぬきを見れば」という歌を詠んだ。その様子

fig.17　奉迎の狸（『ようこそたぬき御殿へ』）

が新聞に掲載されたことで、一気に信楽狸が全国に知られることになったという[fig.17]。

この歌は、昭和天皇が幼少の頃、土産物として贈られる狸の置き物を集め、愛でていたということが詠われているが、皇室と狸のつながりもひとつ大変興味深いテーマだ。タヌキは日本特有の動物であるし、皇居内にも生息している。上皇は皇居内のタヌキの「ため糞」を採取分析し、その遺伝的特性を明らかにした論文を書いているし、雅子皇后が赤坂御用地を散策中に怪我をしたタヌキを保護したというニュースもあった。

流行のきっかけ②――石田豪澄と八相縁起

もうひとつ信楽狸が流行するきっかけになったのは「八相縁起」であろう。酒買い小僧や豆狸の話は、今となってはほとんどの人が認識していない。酒類の販売は造り酒屋ではなく、スーパーやコンビニに取って代わられたし、そもそもお遣いとはいえ未成年が酒を買うことが禁止されているので、酒買い小僧という言葉自体が現代では成立しない。信楽狸が広く流通することになったのは、やはりわかりやすい縁起物として認識されたからだろう。この「八相縁起」は狸愛好家であり、狸和尚として知られる石田豪澄《ごうちょう》によって提唱されたもので、信楽狸でデフォルメされた各パーツそれぞれに縁起を当てはめ、信楽狸は縁起の塊であると定義したものになっている。これは昭和二十七年（一九五二年）のことで、先述の昭和天皇信楽行幸と相乗効果で全国に知られることになった。

石田豪澄狸八相縁起
笠—思はざる悪事災難避けるため、用心常に身をまもる笠
目—何事も前後左右に気を配り、正しく見つむることな忘れそ
顔—世は広く互いに愛想よく暮らし、真を以て務めはげまん
徳利—恵まれし飲食のみにこと足りて、徳はひそかに我につけん
通—世渡りは先づ信用が第一ぞ、活動常に四通八達
腹—もの事は常に落ちつきさりながら、決断力の大胆をもて
金袋—金銭の宝は自由自在なる、運用をなせ運用をなせ
尾—ない事も終わりは大きくしっかりと、身を立てるこそ真の幸福

古来より狸は八という数字に強い結びつきがある。例えば、愛媛松山に伝わる隠神刑部《いぬがみぎょうぶ》狸の昔話は「伊予八百八狸騒動」といわれる。隠神刑部は八百八の狸を率いていた四国狸の総師だ。動物のタヌキのことを「ハチムジナ」と呼ぶこともあるそうだ。そんなこともあり、石田和尚は縁起の数を八とすることにこだわった。少し後れて俳人高浜虚子が狸六相というものを提唱しているが、八相縁起ほど広まらなかったのは、やはり狸のマジックナンバー八の神通力がなかったから

だろうか。

次節で詳しく述べたいと思うが、信楽狸の特徴は実はこの八相にとどまらない。例えば、約半数は杖を持った姿をしているが、杖は八相に入っていないし、最近では蛙や招き猫を手に持って、あわせ技的に縁起を重ねている狸も多い。

もうひとつよく言われるのは「狸」＝「他抜き」で、他の店よりも商売繁盛するという言葉遊びによる縁起だ。これは誰が提唱したのか不明だが、妙に納得感がある。縁起という客観的に判断できないものだからこそ、言葉による意味付けが加わることで、安心して購入できるようになるのかもしれない。縁起物として信楽狸を置く前と後で、客足がどのぐらい変わったのかという研究はないだろうし、統計的に有意な差が出るとも思えないが、それでも何の説明もなく信楽狸が置かれているよりも、縁起物という役割を与えられている方が、格段に受け入れられやすいことは理解できる。

三 どんな狸があるのか——信楽狸モデル別解説

狸の窯元判別法——特徴と分類

次に具体的に、街角で見かけた狸を、「いつ」「どこで」「誰が」作ったものなのかを見分ける特徴を解説していきたい。最初に言ってしまうと、「いつ」「どこで」ということでいえば、ほとんどの狸は滋賀県の信楽町で、ここ五十年以内に作られたものになる。これは、前節で説明した歴史が示す通りで、シェアの高さからいって、街で見かける狸のほとんどが信楽産と言っても過言ではない。逆に考えると、信楽焼以外の狸の置き物は非常にレアな存在なので、まずは信楽産かそれ以外の生産地かで分類してみることにする。次に、同じ信楽産の狸でも、時代によって形状が大きく異なることに注目する。基本的には古いものほど背が高く、すらりとしたスタイルをしているし、後述する目抜き、吊り金などと呼ばれる独特の特徴をもっている。そして、最近の信楽焼の狸を見分ける特徴として、型物かどうかという点がある。信楽狸が大量生産されるようになったのは型の存在が大きい。この型を把握することは狸を見極めるために欠かせない。そして最後に信楽焼の窯元ごとの細かい特徴を押さえることで、狸を「誰が」作ったのかを特定する。

幸運にも信楽陶器卸商業協同組合が二、三年ごとに発行している信楽焼カタログ『信楽焼ベストセレクション』を入手することができた。これにより、現在販売されている量産型の信楽狸を一覧できるようになったが、カタログには生産窯元の情報は掲載されていないので、このカタログと各窯元の狸を一致させることからはじめ、分析から分かったことを解説していきたいと思う。一方で、二〇〇五年以前のカタログは存在が確認できておらず、それ以前の狸については手がかりが非常に少ない。むしろ戦前や昭和初期の狸については希少価値もあり、文献を頼りになんとか制作者にたどり着ける場合もあるが、信楽で狸が量産されるようになって以降は、ほぼ資料がないと言っていい状態である。ただ、少なくとも最新の情報が手に入っている幸運に感謝しながら、分析を進めていきたい。というのも、二〇〇五年以降でさえ、すでに廃業してしまった窯元もあり、今ここでまとめておかないと数年後には完全に資料が失われてしまう可能性があるからだ。

最新のカタログには二五五種類の狸が掲載されている。「陶仙民芸」「奥田丸隆製陶」の二社が生産量、バリエーションともに豊富で、街角で見かける狸もこの二社のものが格段に多い。「かなめ民芸」は卓上サイズの狸を生産していて、生産数としては随一だろう。先述した「狸庵」は三代にわたりオリジネーターとして唯一無二の手びねり狸を作り続けている。狸庵は信楽狸の中では珍しく、狸の背面に銘が入っているので、近くで見ればそれと分かる。狸庵から独立した「古狸庵窯」は、土色を特徴とした作柄で狸を量産している。「丸八陶器」は大型・中型の狸を生産していたが、廃業してしまった。手びねり製法であったため、もう新しい狸を見ることはできない。一方で、少数ではあるが新規参入がみられる例もあり、「陶器屋」という窯元では現在も大型の狸が生産されている。

生産地による判別——信楽か信楽以外か

街で見かける狸の置き物の九〇％以上は信楽で作られているものだが、その他の生産地としては、信楽と同じく六古窯として数えられている備前、常滑や、笠間、益子が挙げられる。大正十二年（一九二三年）、水谷藤太郎という人が京都清水の丸音陶房から益子陶器伝習所の指導員として招聘された。丸音陶房は先述の初代狸庵・藤原鋳造がいたところで、因縁浅からぬ人であるが、益子での指導の後、笠間に窯元を開いて狸を制作した。笠間焼狸の特徴は袈裟や着物を羽織った姿である。狸の肌の色は黒が多く、鮮やかな赤の羽織をまとっているものが多く見られる [fig. 18]。

備前、常滑でも明治・大正時代に作られた古い狸が残されており、いずれもその当時の信楽狸の特徴を色濃く残している。つまり、怖さや凛々しさを感じさせる動物的な顔立ちや、「目抜き」と言われる目の部分をくり抜いた技法、そして「吊り金」である。

fig. 18　笠間狸

fig. 19　目抜き、吊り金の特徴をもつ信楽狸

「吊り金」というのは狸の金袋、ふぐり部分が空中に浮いている形状のことだ。信楽狸も初期のものはこの形状だったが、置き物としての安定性、輸送時の破損防止の改良を重ねるうちに、ふぐりが地面に接する形へと変化した。同様に、徳利についても古信楽狸では、手の部分に開けられた穴に、本物の紐を使って結ばれていた。これも耐久性の改良のため、狸本体と徳利が一体になるようデザインが変更されてきている。「目抜き」にしても、古信楽狸では多く見られた技法だったが、より可愛らしく、

fig. 20　備前狸

fig. 21　常滑狸

売れる形状へデフォルメされていく過程で、色付きの目玉に変わってきた［fig. 19］。

いずれの地でも八相縁起という狸のモチーフを取り入れて、それぞれの特徴をもった狸を作っている［fig. 20, 21］。常滑では鮮やかな朱色の発色がある朱泥焼きの狸が作られていて、ユニークな雌雄一体型のものや、金袋部分が糸で吊り下げられたものなど、独自の進化を遂げているように見える。益子焼の狸は生産量が非常に少なく、益子の陶器販売の中心的施設である益子陶器センターの売り場で見かける数多くの狸もほとんどが信楽焼のものだ。現代の陶芸家によってオリジナルのものが作られているが、型を使わない一点物となることから、簡単に街で見かけられるほどの量は生産されていない。

むしろ信楽焼以外で近年よく見かけるようになっているのは、中国やベトナムで作られているものだ。中国製のものは、数年前にある百円均一店で販売され、低価格と手頃なサイズ感で広まったようで、街角でも見かけるようになった。ベトナム製のものは、ホームセンターで一般的な信楽狸よりも少し安い値段で販売されて、市民権を得た。色使いや光沢感が一般的な信楽狸とは違っているので、比較的容易に見分けることができる[fig. 22]。その他、非常に小型の置き物や、狸をモチーフにした茶碗や湯呑、磁器類も見かけることがあるが、こちらについては割愛したい。

年代による判別——体型・目抜き・吊り金

古い信楽狸の特徴である「目抜き」「吊り金」についてはすでに述べたが、他に時代を経るにしたがって大きく変わっているものとしては「体型」がある。初代狸庵をはじめ、古い信楽狸は基本的にサイズが大きく、体型は七頭身半が基本とされる。もともと顔は動物のタヌキを模しており、二本足で立ち上がった姿を表現したものであったので、これは不思議なことではない。その後、時代とともに様々な狸像が考案され、膨大な種類になっていくのだが、その過程の中で、狸の姿は徐々にデフォルメされていくこととなった。つまり、ふぐりやお腹、目や顔は大きくなる一方、足は短くなっていった。その結果、現在の信楽狸は二、三頭身の狸がメインとなっている。二〇〇五年以降で比較してみてもその傾向は顕著に見ることができる。狸の商品名は「並狸」「福狸」「福々狸」に大別されるが、これはお

fig. 22 ベトナム狸

graph 1　体型の割合の変化

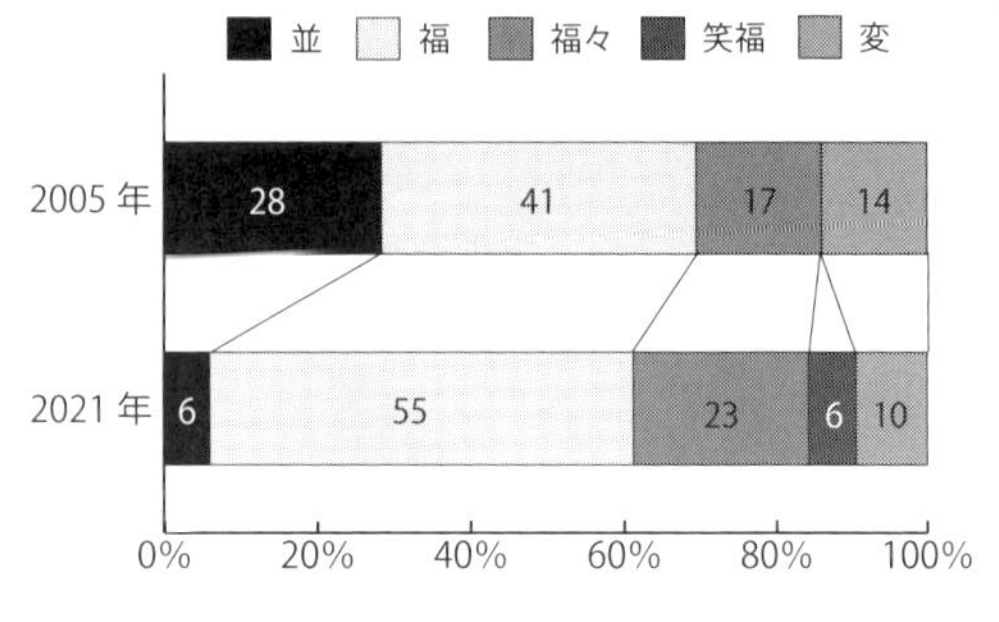

（調査数：2005年180体、2021年255体）

腹の膨らみ方で区分されている。信楽狸のお腹は先述の八相縁起にも選ばれており、膨らんでいるほど「太っ腹」を連想させて縁起が良いとされる。つまり通常のお腹を持つ狸が「並狸」、縁起の良さそうな膨らんだお腹を持つ狸が「福狸」で、ここからさらにもっと縁起が良さそうな、はち切れんばかりのお腹を持つ狸が生み出されて「福々狸」と名付けられた。二〇〇五年には全カタログ商品の二八％あった並狸は二〇二一年には六％にまで減り、福狸は四一％から五五％に増えている[graph 1]。また二〇〇五年にはなかった「笑福狸」が二〇一八年以降のカタログに載っているが、これはさらにデフォルメが進んで二頭身になっており、顔も漫画のような笑顔である。

製法による判別——一点物か型製品か

狸の製法は大きく二つに分けることができる。ひとつは「手びねり」と呼ばれる製法で、型を使わず、紐状に伸ばした粘土を下から順に積んで形を作っていく方法だ。この方法で作られた狸はまさに一点物なので、たとえカタログに載っている量産型狸であっても、ひとつひとつ細部の造作が変わってくる。出来上がる狸は窯元ごとに特徴があるため、それを目印にして窯元を見分けることができる。

もうひとつは型で制作する方法で、こちらは大きく「型押し」と「鋳込み」に分類される。どちらも石膏の型を使用するが、型押しは手で型に粘土を押し付けて成形していくのに対して、鋳込みは型の中に粘土を流し込み、固まったところで型を外すという方法だ。粘土は石膏に触れている部分しか固まらないため、内側の粘土は流れ落ちる。狸制作の型は窯元ごとに異なるので、出来上がる狸はその窯のオリジナルということになり、複数の窯元で同じ狸を作ることはない。

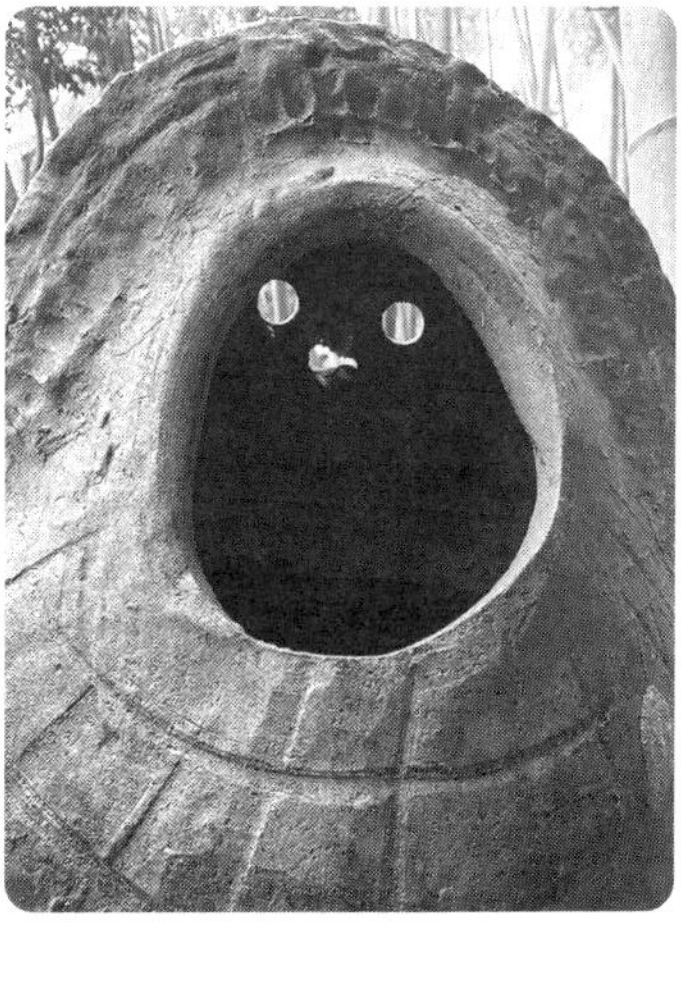
fig. 23……後頭部の穴

どの方法で作っても狸の内部は空洞になり、頭の後ろ部分、笠のところには丸く穴が開けられる [fig. 23]。これはひとつには、窯焼きの際に内部の熱を抜き、ひび割れを防ぐためで、もうひとつは完成後に持ち手としてつかみやすくするためのデザインだ。そのため、ミニサイズの狸にはこの穴が開いていないものもある。一方で、この穴のデザインを利用して、傘立てやポストとして使えるように工夫した商品も作られている。

アイテムによる判別——徳利、杖、その他

狸が持っているアイテムは窯元ごとに特徴があり、この特徴を把握することで狸の生産窯元の特定は一気に容易になる。杖は八相縁起には入っていないアイテ

ムだが、初代狸庵も杖を持った狸を作っており、古信楽狸にもみられるアイテムだ。「転ばぬ先の杖」という言葉もあるように、なんとなく縁起が良さそうに思えるので相性が良かったのだと思う。また、古信楽狸は徳利に本物の紐をかけて狸本体からぶら下がるようにしていたが、紐が劣化して徳利が落下・紛失しているケースが多い。この対策として、徳利を杖と体の間にはさむようにして狸本体と一体化するというスタイルが考案されている。二〇一八年版のカタログに載っている全狸二六二種のうち、徳利紐があるものは二%しかなく、杖を持っているものは四四%にのぼっている。

fig. 24　奥田丸隆製陶　福ひねり狸（『信楽焼ベストセレクション』信楽陶器卸商業協同組合、二〇二一年）

fig. 25　陶仙民芸　開運狸（『信楽焼ベストセレクション』）

　杖の形状は窯元により特徴がある。例えば、「奥田丸隆製陶」製は全体が緑になっているが、「陶仙民芸」製は杖全体が茶色の色付けで、先端のみ緑の渦巻状になっている。なお、「陶仙民芸」狸は一八号（高さ五四センチ）以上になると杖の先端が二股になるので、杖の形状から狸のサイズを推測することもできる。また、杖にアイテムが付属している場合は容易に窯元判別が可能で、福と書いてある丸い筒状の造形があれば「奥田丸隆製陶」製で、開運と書いてある札が付いていれば「陶仙民芸」製だ［fig. 24, 25］。

狸が別の開運動物を持っているパターンもある。ふくろうや蛙は「不苦労」「無事に帰る」等の言葉遊びから縁起物として扱われており、信楽焼のモチーフにもなっている。また、招き猫は信楽狸が流行するより前から商売繁盛の縁起物としての地位を確立していた。そういった縁起動物を狸が持つことで、一体の狸に縁起の付加価値をつけるという商品だ。調べてみると、この「動物持ち狸」は年々バリエーションが増えてきている。もともと別々の商品として売られていたものをセットにしてしまうことによって置き物としての専有面積を減らしたアイデア商品でもあるのだが、景気の先行き不安を見越したように、縁起アイテムがインフレを起こしているのは興味深い［graph 2］［fig. 26］。

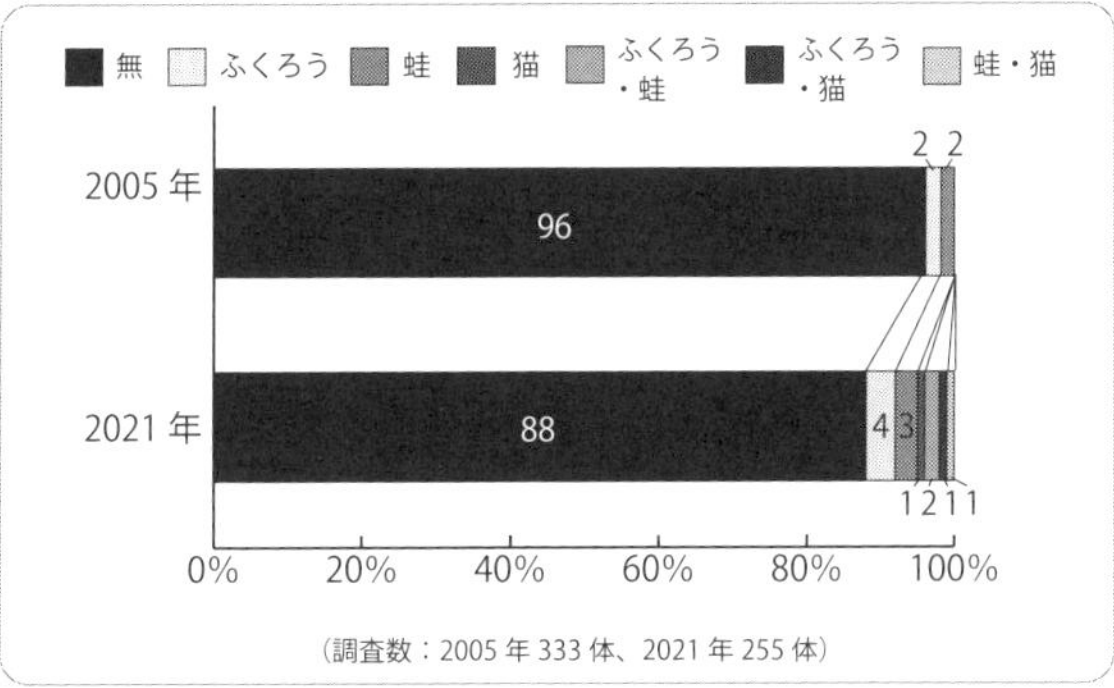

graph 2　動物持ち狸の割合の変化

fig. 26　陶仙民芸　ふくろう・招き猫持ち狸（『信楽焼ベストセレクション』）

色付けによる判別——笠、笠紐、徳利色

色付けに着目すると、笠や笠紐も窯元ごとに特徴がある。笠はほとんどのものが茶色だが、「丸八陶器」の大型狸は黒なので、ここで識別が可能だ。笠紐については、「奥田丸隆製陶」「陶仙民芸」は緑、「丸八陶器」「陶器屋」「宗陶苑」は白となっている。顔の着色だが、体色が黒の場合、目の周辺のみ薄い茶色で着色されることが多い。本来、動物のタヌキは体色が薄い茶色で、目の周辺が濃い茶色なので、逆転しているのが面白い。この特徴は古信楽狸には当てはまらないため、わりと新しい狸の特徴といえる。「宗陶苑」の狸は新しいものでも同一色の顔色をしており、その色も黒の中にメタリックが含まれる独特の色をしている。また、徳利の色は白塗装の窯元が多いが、「宗陶苑」「古狸庵」は茶色なので、これも窯元の特定に役立つ特徴だ［fig. 27, 28, 29］。

fig. 27　陶器屋　福ひねり狸（『信楽焼ベストセレクション』）

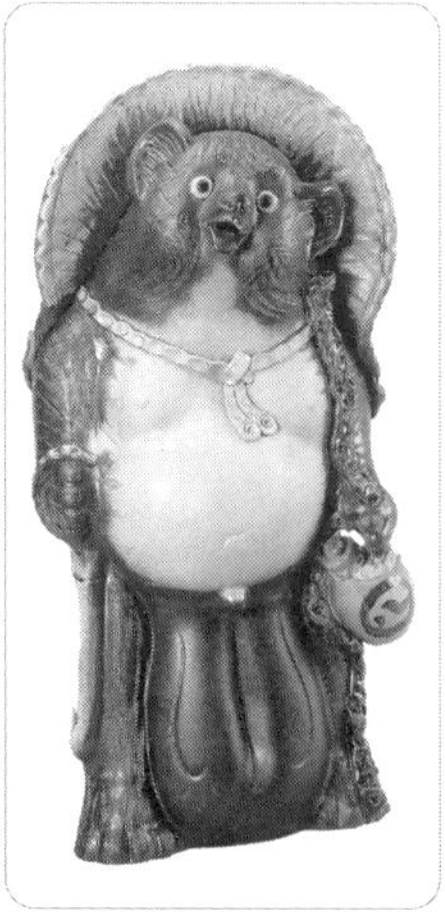

fig. 28　宗陶苑　福ひねり狸（『信楽焼ベストセレクション』）

fig. 29　古狸庵　福ひねり狸（『信楽焼ベストセレクション』）

ふぐり形状で窯元や類似狸の最終判別が可能だと分かったのは非常に大きな発見だったが、形状を表現するのに数学で習ったギリシャ文字が最適だとは思いもしなかった。狸のふぐり形状は大きく五種類に分類できる。それぞれの定義は表にまとめる [table 1]。

古信楽狸は吊り金が特徴としてあったが、古信楽以外の狸のふぐりは全て接地している。そこで接地面の形状が丸み一個なのか、二個なのかに着目する。そして、ふぐりの左右を表現するのに、線を使うか、凹みを使うのか、直線または立体的な球体を使うのかによって分類する。左右分割を全く表現していないσ型もある。この五種類に加えて、ふぐりの色が体色と別の色を使っているかがもうひとつの判断材料になる。一般的に体色が黒の場合、サイズが小さい狸は体色と同じふぐり色で、サイズが大きくなるとふぐりの一部が茶色になる。この傾向が分かると遠目や写真で狸のサイズ感が分からない場合でも、ふぐりの色を頼りにサイズを推測できるようになる。また、狸自体のサイズが小さい場合には、当然ながら下半身部分も小さくなるので、圧縮されて∞型となるが、サイズが大きくなってくるとωやϕとなるため、これも狸のサイズ把握に役立つ。最後にこれらの窯元判別パラメータを表にまとめておく [table 2]。

	接地面丸み	左右表現
ω	1個	線
μ	1個	中央に凹み
σ	1個	表現無し
ϕ	1個	直線で分割
∞	2個	球体

table 1　ふぐり形状の定義

table 2 狸窯元判別パラメータ表

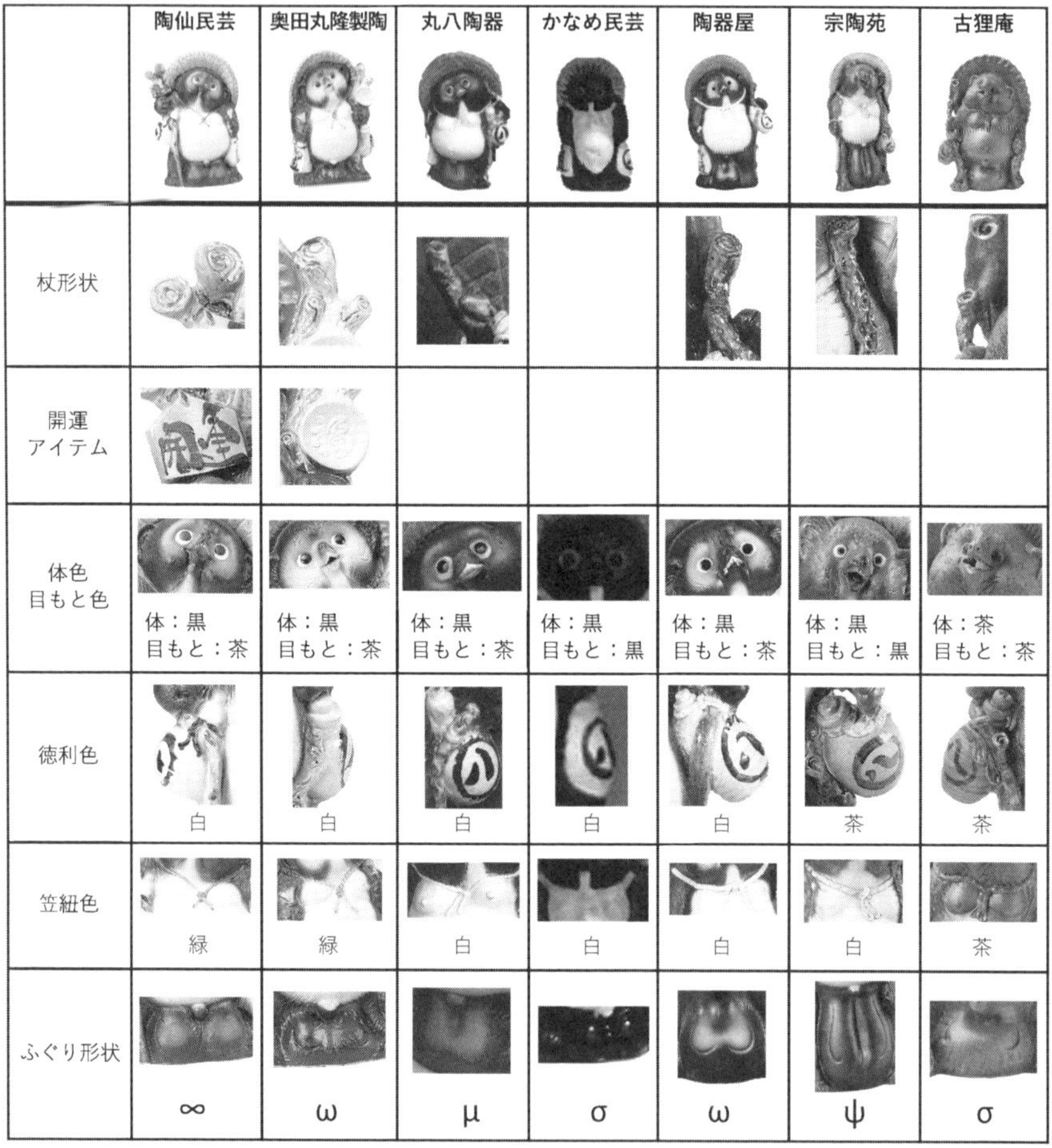

	陶仙民芸	奥田丸隆製陶	丸八陶器	かなめ民芸	陶器屋	宗陶苑	古狸庵
杖形状							
開運アイテム							
体色 目もと色	体：黒 目もと：茶	体：黒 目もと：茶	体：黒 目もと：茶	体：黒 目もと：黒	体：黒 目もと：茶	体：黒 目もと：黒	体：茶 目もと：茶
徳利色	白	白	白	白	白	茶	茶
笠紐色	緑	緑	白	白	白	白	茶
ふぐり形状	∞	ω	μ	σ	ω	ψ	σ

性別による判別――オス、メス、アベック、ファミリー

八相縁起に金袋が入っているために、信楽狸はオスしかいないという思い込みが起きるが、メスの信楽狸も作られている。初代狸庵の作品にもあるので、かなり初期段階から存在しているが、割合としては少ない。最新のカタログを見ても全体の一四％にとどまっている。ただし、メス狸の持ち物については明確な変化が見られる。二〇〇五年時点ではメス狸は笠をかぶらず、徳利も通帳も持っていないものが目立つが、二〇二一年になるとオス狸と同じアイテムを持ってオスと対になるものが増えている[graph 3]。これが男女平等意識の高まりによるものなのかは分からない。以前はメス狸単体で購入されることが少なく、オスとセットで置かれていたものが、メス単体で購入しやすいようにしたのかもしれない。ただ、同じ商品名・サイズでオスとメスがいる場合、オスとメスで左右の持ち手が逆になることが多い。これはおそらく対にした場合のバランスを考えてのことだろう。メス狸の特徴は、下半身を覆う大きな葉っぱと、頭もしくは肩につけた赤いリボンで、なかでも「奥田丸隆製陶」のメス狸が耳にイヤリングをしているのは芸が細かい。

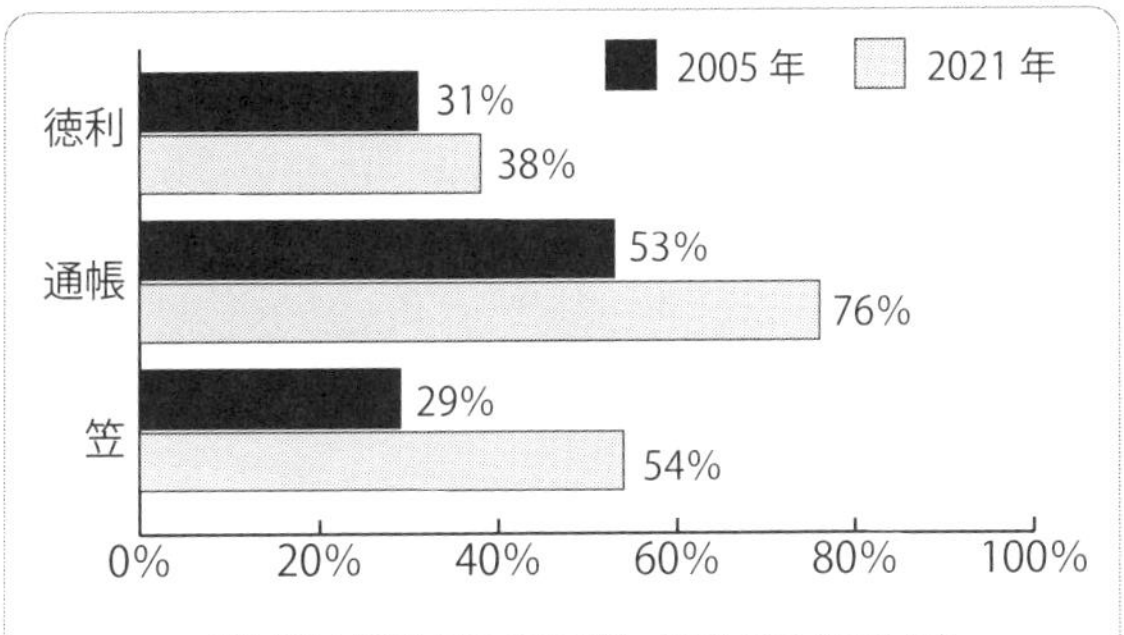

（調査数：2005年のべ147体、2021年のべ111体）

graph 3　メス狸の持ち物の割合

fig. 30　奥田丸隆製陶　ファミリー狸
（『信楽焼ベストセレクション』）

オスとメスが一体になったアベック狸や子どもを連れたファミリー狸もいる［fig. 30］。この場合、オスが大きめの笠をかぶっていて、メスの半身を覆っているものが多い。造形的にオスとメスが身を寄せ合って一体化しているので、オスが片手で徳利を持ち、メスが片手で通帳を持つものが多い。オスが徳利、メスが通帳というのがおよそ世間のイメージを反映しているのかもしれない。一体になるほど寄り添っていて非常に仲睦まじい姿なので、結婚祝いや出産祝いとして購入されることが多いと思われる。

四　狸はどこへ向かうのか——街角狸に見る狸と人間の関係

街角狸分析

量産型狸のカタログを手がかりに、「誰が」作った狸なのかを見極める方法を解説した。では作られた狸はどこへ向かうのか。信楽で現在年間一〇万体も作られているという狸はいったいどこに行っているのだろうか。その全てを見てみたいというのは現実的にはとても叶わない夢だが、目撃例を集めていけば何か傾向がつかめるかもしれない。そんな気持ちで「あなたが見かけた狸を#街角狸で投稿してください。」とツイッターで呼びかけたのが二〇一六年十一月のことだった[fig. 31]。

するとツイッターに次々と街角狸の写真が投稿され、二〇二〇年末までの約四年間で二三四名から計二九〇六件が投稿された。もちろんこれだけで全ての狸を網羅することはできないが、これほどの数の狸写真がSNS上に集まっていることは驚異的で、おそらく世界最大の狸データベースと言っていいと思う。投稿者の方々はいわゆる「たぬきマニア」はもちろん、たまたまハッシュタグを知り、家の近所や実家に置かれている狸を投稿してくれた人まで多岐にわたっている。

写真に写っている狸の数を一点一点数えてみると、狸の総数は五〇〇六体にのぼった。投稿者が狸らしいと感じたもので、実際には狸ではないものもあり、それはそれで興味深いが、とりあえずそれは除外し、複数回投稿されている狸は重複しないようにしている。また、一枚の写真投稿に複数の狸が写っているものもアナログな手法でカウントしている。

むらたぬき
@tetsuro5
#街角狸 というタグで皆さんが見かけた狸を投稿するというのはどうでしょう。全国に散らばった狸がSNS内で一堂に会したらこんなに素晴らしいことはありません。 ift.tt/2fMnl0M
21:38 · 2016/11/12 · IFTTT

fig. 31　街角狸投稿

和歌山県にある淡嶋神社は人形供養で知られるが、狸もたくさん置かれていて、この写真一枚に七六体が写っていた。一枚に最も多く狸が写っていたのは島根県にある中華料理店「たぬきの国」で、三三一体が写っていた。「たぬきの国」には店内のいたるところに狸がおり、その数は五〇〇〇体を超えるそうだが、あくまで投稿された

fig. 32　淡嶋神社（なつえさん撮影）

写真に写った狸をカウントしている。直接狸をカウントしているわけではなく、投稿されたものを間接的に分析しているので、様々なバイアスが含まれている可能性はおおいにある。例えば街角で誰もが目に触れることのできる場所に狸がいたとしても、店舗や民家であれば撮影がためらわれることがあるだろうし、投稿者の生活圏も全国一様ではない。ただ、実際に街に置かれた狸についてデータを使った分析や調査はおそらく史上初の試みで、それを実現するためのデータベースとしてＳＮＳを利用することは、現在最も現実的な方法であると考えている［fig. 32, 33］。

fig. 33　たぬきの国（たぬえさん撮影）

では、いよいよ最初に立てた三つの問い――「狸は誰が作っているのか」「狸はどこにいるのか」「狸は何を持っているのか」――について、このデータを分析した結果から答えていきたいと思う。

狸は誰が作っているのか

狸を材質別に分類してみると、次のようになった［graph 4］。陶器がダントツで多いことと、看板等のイラストの数が多いのはおおかた予想通りだが、次点が石製というのは興味深い。コンクリート製狸は、陶器では作れないサイズの巨大狸を、モニュメントとして制作したものがほとんどで、目立つということもあり、多くカウントされている。石像やコンクリート像、また木彫りにしても、特徴としては信楽狸の「酒買い小僧」スタイルがほとんどで、信楽狸をお手本にして作られている。つまり、何か狸らしい置き物を作りたい、もしくは狸を表現したいと考えた時、まず思い浮かぶのが信楽狸の姿なのだ［fig. 34］。最も興味深いのは剥製のタヌキで、投稿された全ての剥製が「酒買い小僧」を模した姿をしていた。初代狸庵がモチーフにしたかもしれない、豆狸の「酒買い小僧」がこうして再現され

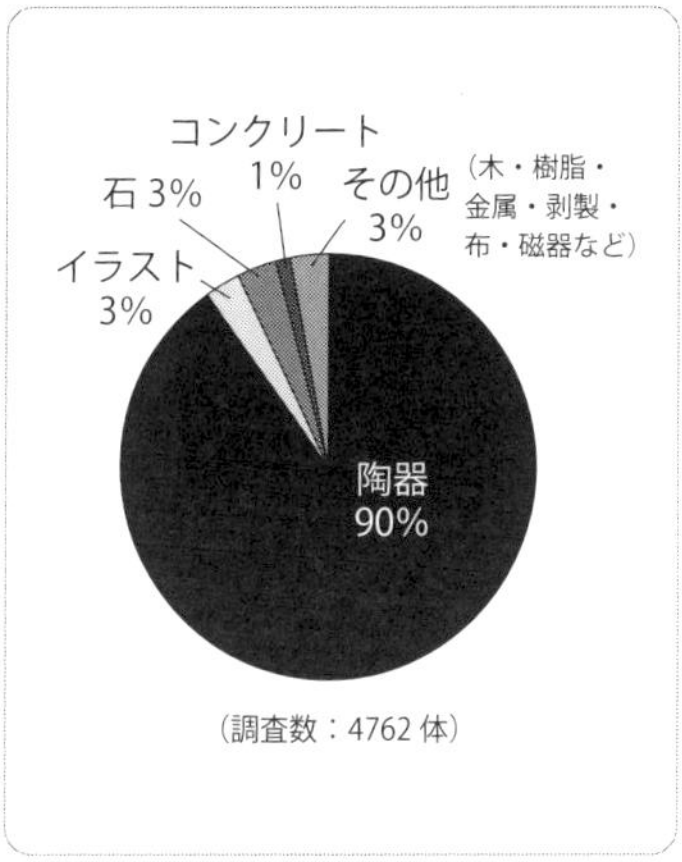

graph 4　材質別

fig. 34　石像

ているのだ。もちろん死んだタヌキがその格好をしていたわけはないので、人間がその格好の剥製にしたのだが、洒落なのか、悪趣味なのか、線引きが難しい。このような剥製が複数投稿されているのは、流行した時期があったからなのだろう。非常に人間の業の深さを感じさせる事例である。

次に陶器製狸について見てみると、八九％が信楽製であり、やはり圧倒的なシェアであることが分かる[graph 5]。カタログと照らし合わせて窯元の特定に至ったものは五三％だった。二〇〇五年以前にどの窯元でどのような狸が作られていたのかまとまった資料は見つかっておらず、一九五〇年代から二〇〇五年までの約五〇年間に作られた狸は今となっては特定することは非常に困難だが、この点は今後も継続して調査していきたい。

また、サイズをカウントするとこのようになる[graph 6]。写真なので実際のサイズを計測することはできないが、一緒に写り込んでいるものからある程度推測することはできる。高さ一〇センチ以下のものは紛失や破損の恐れがあって屋外には置きにくいと考えられるため、目撃数が少ないのかもしれない。逆に、サイズが大きい狸は非常に重く、設置時にクレーン作業が必要になる場合もあって扱いが容易ではないし、型で制作できないため、価格も跳ね上がる。最も多く見られたのは二〇～三〇センチのミニサイズで、全体の二三％にもおよぶ。このぐらいのサイズだと価格も五〇〇〇円以下のものが多いので、手頃に手に入るということもあるだろう。カタログで確認しても、このサイズが最もバリエーション豊富に作られている。

graph 5　産地別（陶器製）

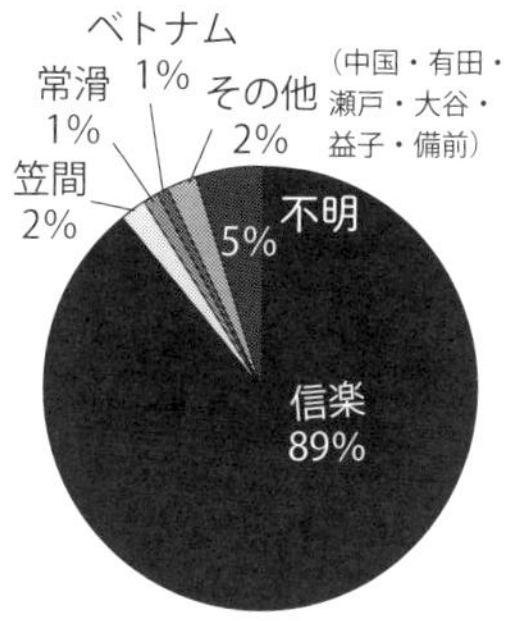

（調査数：3738 体）

graph 6　サイズ別

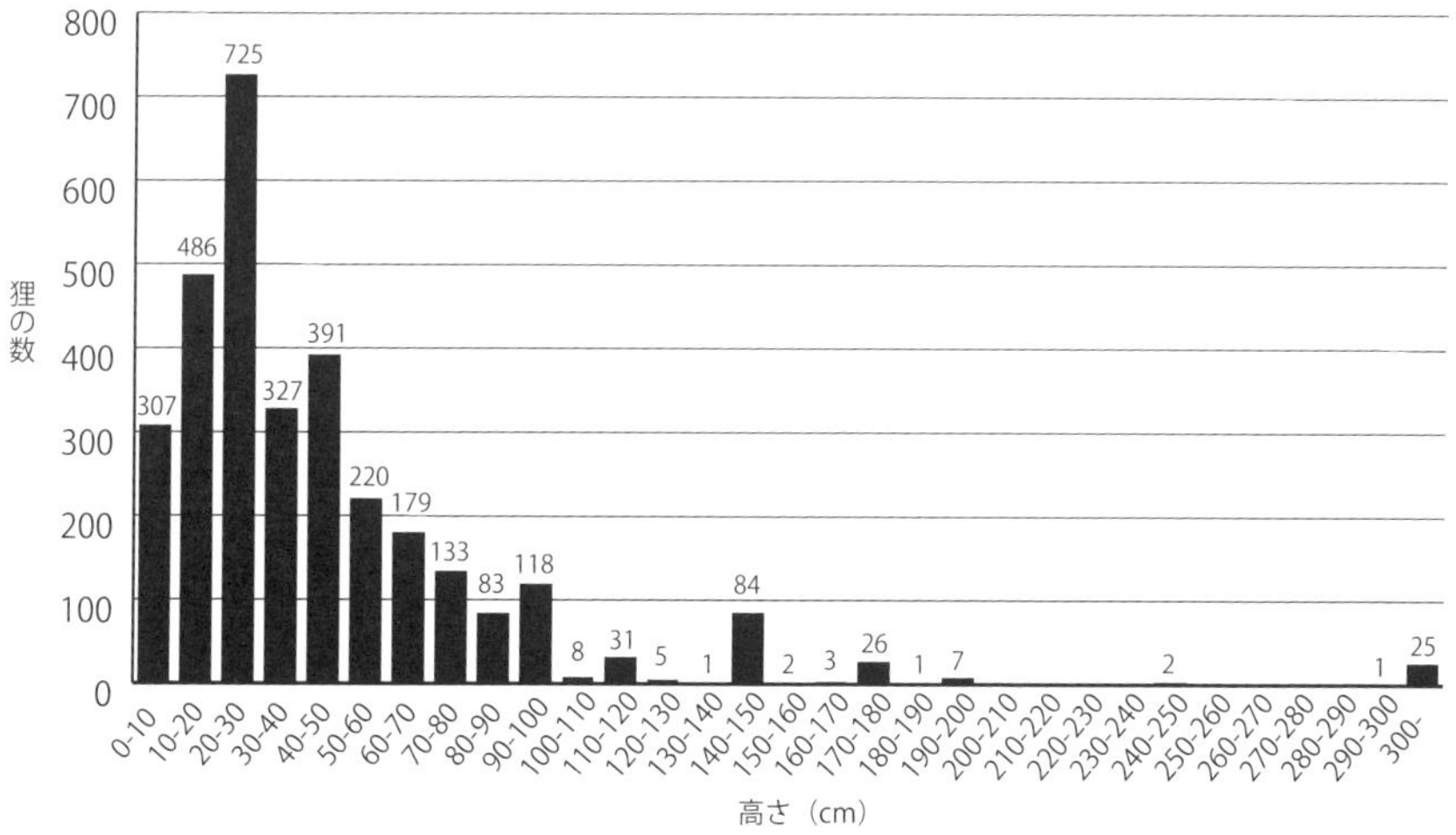

狸はどこにいるのか

次に、狸が置かれている場所については、まず大きく店舗と民家、そして寺社に分類した。店舗とも民家ともいえない公園や広場に置かれているものは路上とカウントした。陶器店で販売されているものはまだ個人の所有物ではなく、これから個人の手元に渡ってどこかに置かれる前の段階と捉えることもできるので別のカテゴリーとした［graph 7］。

民家と店舗では撮影できる環境が異なるので一概には比較できないが、業種別で分類すれば飲食店と飲食料品小売業で約七三％を占めることが分かる。飲食店の中では居酒屋が最も多く、蕎麦屋、うどん屋、寿司屋等の和食店が上位に並ぶのは予想通りだった。一方で、飲食業以外で狸が多いのが銭湯、温泉、旅館、ホテル等の宿泊、浴場業だった［graph 8, 9］。また、寺社も割合が高い。文福茶釜の茂林寺、狸囃子の證誠寺など、寺社にゆかりのある狸話は多い。また、東京杉並の常福寺、大阪の龍淵寺など、住職が狸コレクターで、境内に大量の狸を置いているというケースもある。

最後に、写っている狸を都道府県別に整理してみた［graph 10］。SNSの特性上、プライバシーに配慮が必要な場合が多く、必ずしも投稿文に撮影地が記載してあるわけではない。撮影地が不明なものは、全体の二割程度だった。また、前述の通り投稿者の

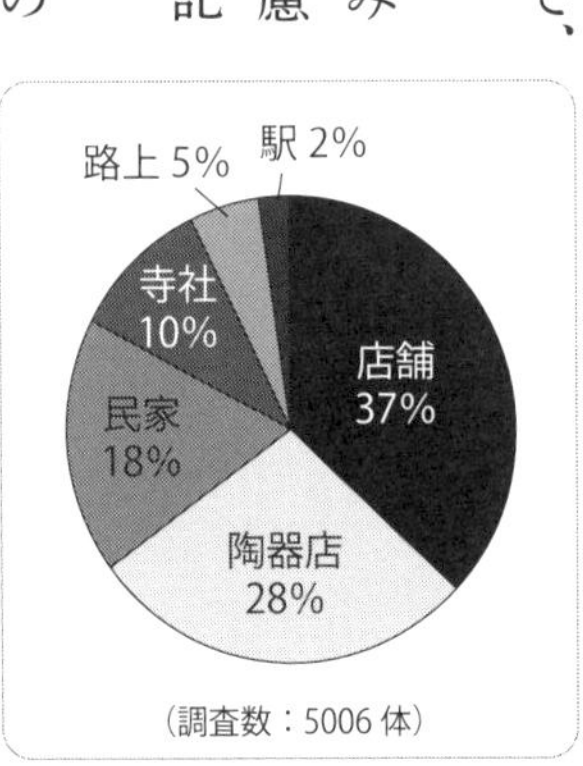

graph 7　場所別

graph 8　業種別

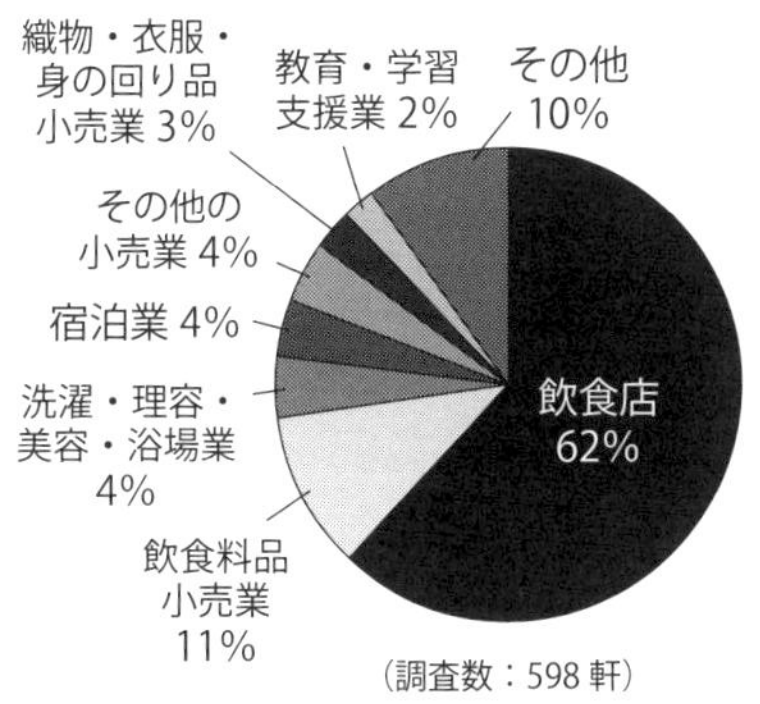
織物・衣服・身の回り品小売業 3%
教育・学習支援業 2%
その他 10%
その他の小売業 4%
宿泊業 4%
洗濯・理容・美容・浴場業 4%
飲食店 62%
飲食料品小売業 11%
（調査数：598 軒）

graph 9　飲食業種別

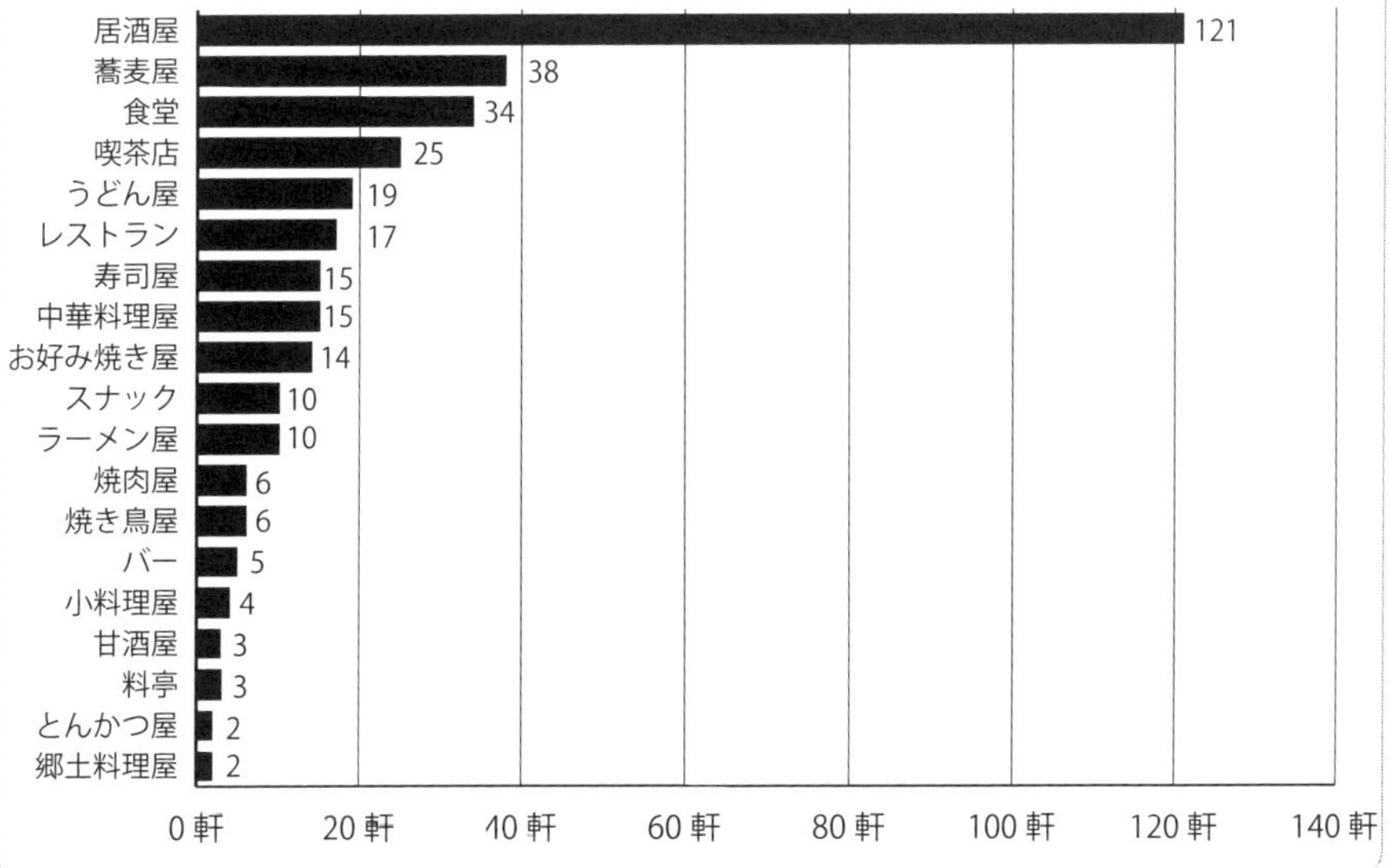
居酒屋 121
蕎麦屋 38
食堂 34
喫茶店 25
うどん屋 19
レストラン 17
寿司屋 15
中華料理屋 15
お好み焼き屋 14
スナック 10
ラーメン屋 10
焼肉屋 6
焼き鳥屋 6
バー 5
小料理屋 4
甘酒屋 3
料亭 3
とんかつ屋 2
郷土料理屋 2
0 軒　20 軒　40 軒　60 軒　80 軒　100 軒　120 軒　140 軒

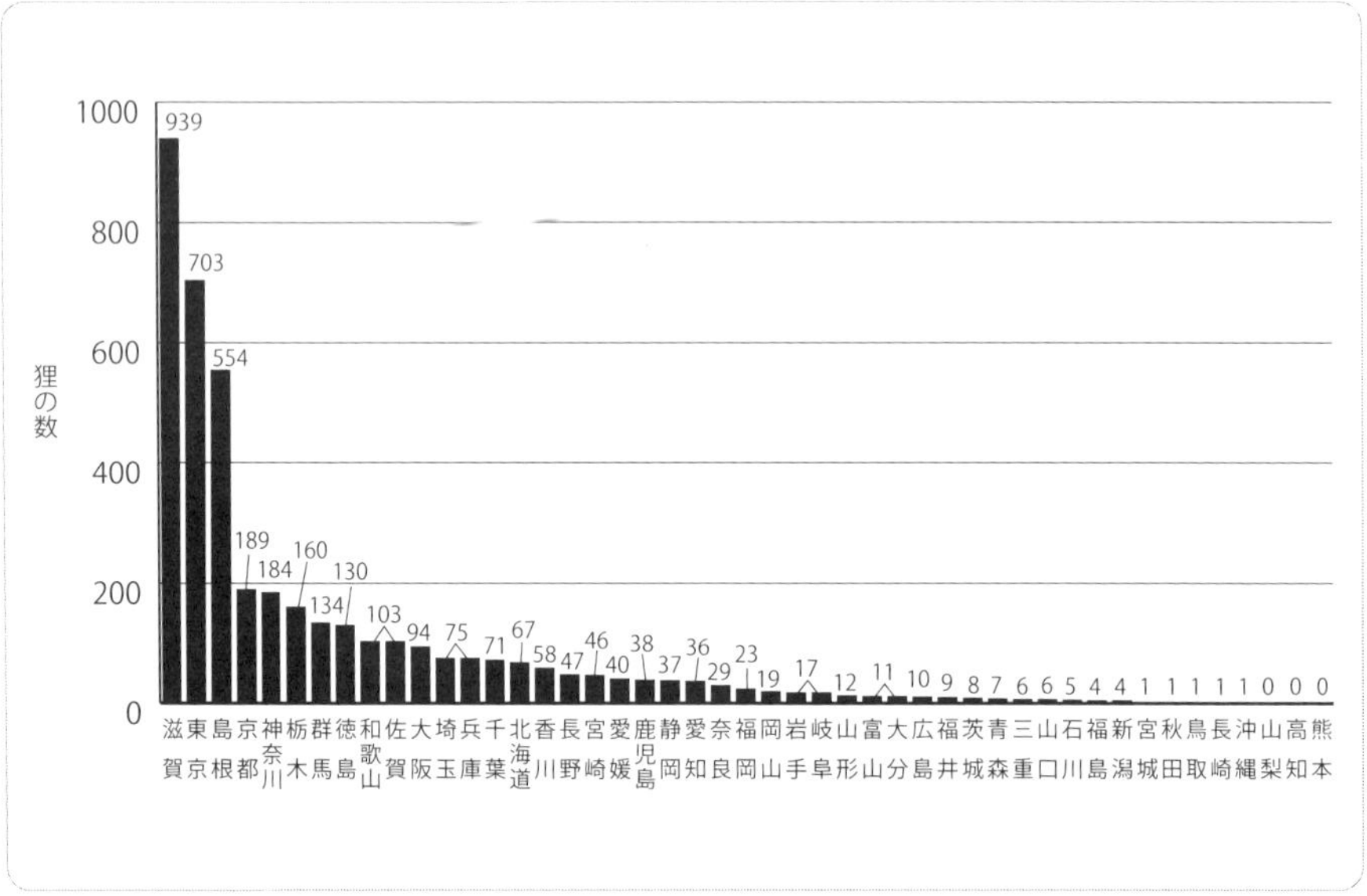

graph 10　都道府県別

生活圏にも偏りがあることが予想されるため、街角狸生息分布として必ずしも正確ではないかもしれない。投稿がなかった都道府県もあるが、ほぼ全国にくまなく分布していることが分かる。

信楽には窯元だけでなく陶器店も多数あり、その敷地内には数え切れないほどの狸が置いてある。今回のカウントでいうと、滋賀県の狸九三九体の内、七六％にあたる七一六体が陶器店に並んだ狸だった。都道府県ごとの投稿数を見ると、東京、神奈川、滋賀の順になっており、狸数を投稿数で割った「狸密度」を算出すると、一位は二投稿で五五四狸をカウントした島根だが、東京、神奈川は一八位と二八位に下がり、変わって和歌山、栃木が上位に来る。このように見ると、滋賀、東京は街角で見かける狸数が多く、島根、和歌山では一カ所に密集した狸が見られるといえるだろう。

狸は何を持っているのか——徳利・通帳・杖の持ち手

最後に狸が手に持っているものについて考えてみる。徳利と通帳は左右それぞれの手に持つが、徳利は左右どちらの手に持っているものなのか。招き猫は左右どちらの手を上げているかで縁起が異なるといわれるが、狸の場合、これにはあてはまらず、おそらくは造形上の工夫だと考えられる。では左右どちらに何を持つかといえば、集計の結果はこのようになった[graph 11, 12, 13, 14]。

杖は徳利と同じ側に

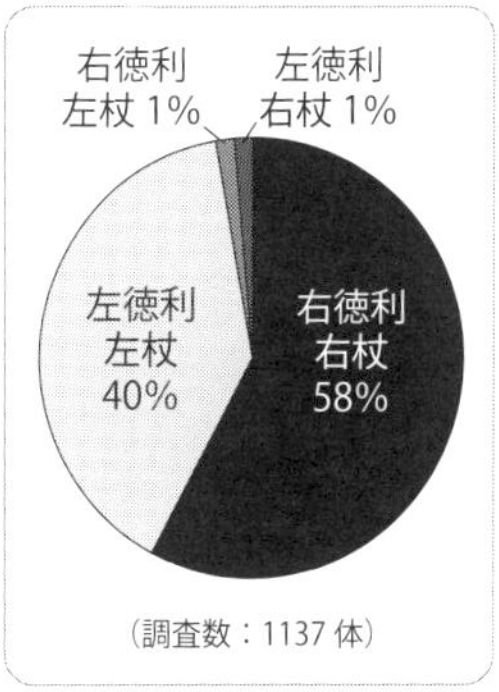

graph 11　徳利と杖の持ち手

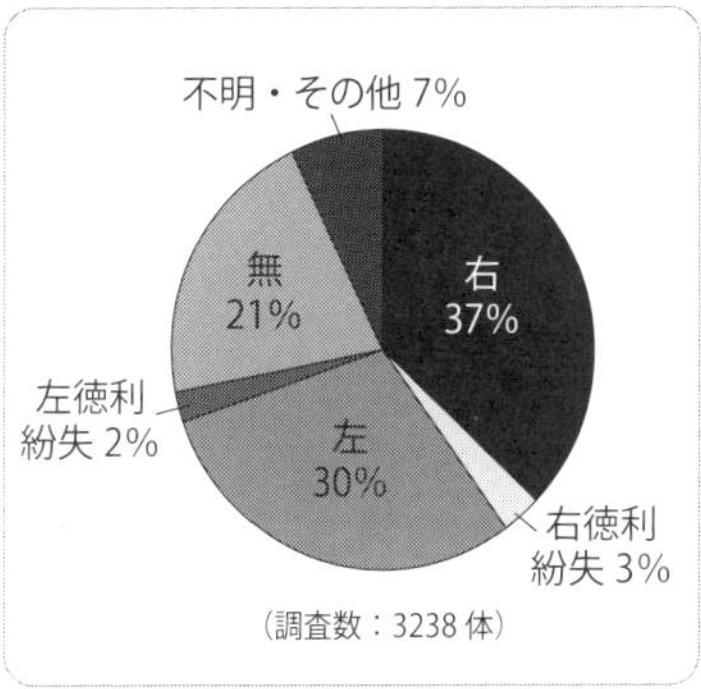

graph 12　徳利

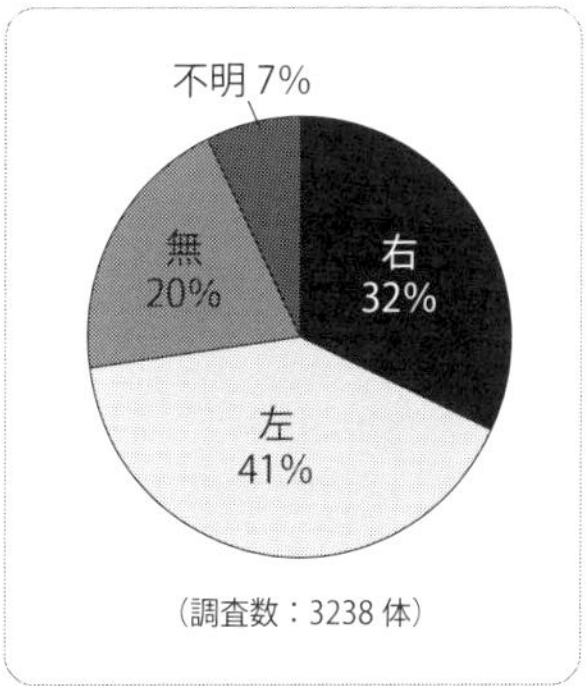

graph 13　通帳

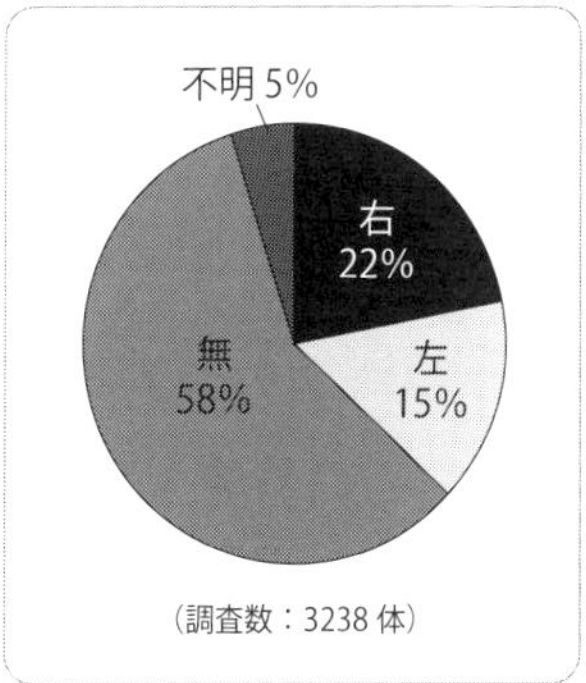

graph 14　杖

fig.35　ガマグチ狸持ち狸（やなせ京ノ介さん撮影）

持つことがほとんどだ。杖を通帳の側に持つ狸も例外的に存在するが、非常に稀で、割合的には二％だった。

日本人は九割が右利きといわれているが、狸はどうなのか。この集計を見る限りだと、徳利と杖を右手に持ち、左手に通帳を持っていることが多い。徳利に酒が入っているとすれば、利き手側に持つような気もするし、まだ酒を手に入れていないとすれば、利き手側は自由が利くように杖を持たずにあけておくかもしれない。少なくともどちらかが九割というような極端な割合ではないところから、利き手とは関係ないのかもしれない。答えとしてひとつ考えられるのはバランスだ。同じサイズのオス狸とメス狸がいる場合には、徳利と通帳の持ち手はオスとメスで逆に作られる。単体で置いた時には利き手はないが、オス・メスセットで置いた時に左右対称となるようにバランス良く作られている。

ひとつ面白い気付きとして、狸が手に持つ縁起アイテムのバリエーションがある。両手に招き猫やふくろう、蛙等を持った狸が増えていることはカタログの分析からも分かるが、手に何かを載せる造作は型物の狸でも比較的簡単にできるため、組み合わせのバリエーションは増えていきそうだ。「陶仙民芸」製でふくろうを手に持った「ふくろう付狸」はカタログに載っているが、投稿で同社製品の

「ガマグチ狸」を手に持った狸が写っていた。この組み合わせはカタログにはないので、レアであることは間違いない。データを分析したことによって、今まで気が付かなかったレアな狸が分かったことは非常に有意義だった[fig. 35]。

まとめ

冒頭の「街角狸との出会い」のところで書いた疑問、「狸は誰が作っているのか」、「狸はどこにいるのか」、「狸は何を持っているのか」、この三つの問いについて前半では歴史的な観点から、後半はひたすらデータを分析して考えてきた。どこまでデータを増やせば統計的に有意な結果になるのか、そもそもこのデータ分析に意味があるのか、間違った結論を導き出していないか、そんな心の声と向き合いながらの作業だった。そもそも「SNSに投稿された写真に写り込んでいる狸」を数えただけなので、写真の外にいる狸は除外されているし、投稿されていない狸スポットがまだたくさんあることも知っている。それでもやり始めなければ永遠に答えは出ないし、意味があるのかすらも分からない。その意味で今回取り組んで良かったと思っている。実際、約半数とはいえ、狸の写真から窯元の特定ができるようになったのは大きな成果で、このノウハウを生かして研究を続けていきたい。今回痛感したのは、アナログ手法によるカウントと分析の限界で、もちろんやってできないことはないが、相当な時間がかかる地道な作業なので、

ＡＩを使った街角狸判別アプリを開発して作業を効率化していきたいと本気で考えている。

同じ狸をずっと観察していると、ある時はこちら側に向いていたのに、次に通りかかった時にはあちら側を向いていたりすることがある。小型の狸は容易に動かせるため、置き物としての柔軟性がある。ずっと観察を続けていた狸が店舗の閉店と同時にいなくなったり、気がついたら民家が更地になって狸が消えていたりする。逆に大型の狸は人力での移動が難しく、店舗が廃業になっても狸だけ置いていかれる場合もある。誰もいなくなった店の入口に狸だけが取り残されている様はとても物悲しい。また、狸は陶製品なので破損のリスクが常につきまとう。街角狸投稿でも、鼻やお腹にヒビの入った狸が多数報告されている。完全に壊れてしまえば、新しいものに置き換えられて新陳代謝が進んでいくのだろうが、形を保っているうちはガムテープなどで補修されて飾られたりする。持ち主が亡くなったり、いらなくなった狸はどうなるのか。骨董品店やリサイクルショップに持ち込まれればまだいい方だが、普通に一般ごみとして捨てられることもある。

一方で、今日も窯元では狸が作られている。我々生き物と同じように死と再生を繰り返すのが「街角狸」の運命だ。世界中にいる全ての狸を見てみたいという私の夢は永遠に叶えられることはないだろう。今この瞬間も壊れ、捨てられていく狸がいて、新しく作られている狸がいるからだ。

壊れやすく、場所を取る狸をわざわざ自分の店や家に置くことは、持ち主に心のゆとりがあることを代弁している。狸を置いたからといって商売繁盛が保証されるわけではない。それでも何故か人は狸を求め、手元に置いてしまうのだ。街角狸が全国の街角にあたりまえのように置かれているという事実、これこそが平和の象徴だと思う。街角狸の研究は人々の心の余裕度、平和度を知ることにつながるのかもしれない。

参考文献

『東京を騒がせた動物たち』林丈二、大和書房、二〇〇四年
『狸とその世界』中村禎里、朝日新聞社、一九九〇年
『ようこそたぬき御殿へ――おもしろき日本のたぬき表現』滋賀県立陶芸の森、二〇〇七年
『信楽焼ベストセレクション』信楽陶器卸商業協同組合、二〇〇五年、二〇〇八年、二〇一八年、二〇二一年
『やきものたぬきのルーツ図録』冨増純一、信楽陶器卸商業協同組合、二〇一三年

第4章

信楽タヌキのいるお寺「狸谷山不動院」

上保利樹

一　信楽タヌキと人の関係

信楽タヌキの面白さ

皆さんは居酒屋や家の入口などで、笠をかぶり、徳利を引っ提げたタヌキの置物を見かけたことはないでしょうか。それらタヌキの大半が滋賀県甲賀市の信楽町という町で生産されていることから、私はこのタヌキを便宜的に「信楽タヌキ」と呼んでいます。

あらためて信楽タヌキを見てみると、動物のタヌキとは似ても似つかぬ風貌です[fig. 1]。一体なぜこんな姿をしているのか、なぜここまで間抜けな表情をしているのかと、見かけるたびに思います。

fig. 1　信楽タヌキの一例

そんな信楽タヌキの面白さを語る上で外せないのが、信楽タヌキと人の関係です。

どこか間抜けで感情の読めない表情――人によって「可愛い」「怖い」など見え方が様々のようです――に加えて、このタヌキは非常にバリエーションが豊富で、一九〇〇年代初めに作られ始めて以降、作られた年代や作者によって頭身や顔つきが違ったり[fig. 2, 3]、バリエーションという面でも服を着たり力士の姿をしていたり［fig.4,5］と、様々な姿や役割の信楽タヌキが作られてきました。さらに、そこに「タヌキ」という動物の特徴、あるいはこれまでキャラクター化されてきたような、俗人的でどこか憎めないイメージも加わることで、信

fig.2　比較的新しい時代に作られたと思われるタヌキ

fig.3　比較的最近に作られたと思われるタヌキ

fig.4　女将の姿をしているタヌキ

fig.5　力士の姿をしているタヌキ

楽タヌキという存在は人々に様々な解釈の余地を生んでいるようです。そうして各々が抱いた信楽タヌキのイメージがこのタヌキへの関わり方に反映され、結果としてタヌキの扱いが多種多様になっているわけです。

では、多様な扱われ方とは一体どのようなものでしょうか。顕著な例としては、タヌキにまつわる神社に供えられるように置かれる事例［fig. 6］や、反対に都合の良いホースリールとして雑に扱われる事例［fig. 7］があります。また、季節に合わせてコスプレをさせられたり［fig. 8］、壁に埋められたりする［fig. 9］タヌキも見かけられました。つまり、ときにタヌキは崇められる存在にもなり得る一方で、置く人や置く場所によっては、お店や民家の目印として飾られたり、ある種の道具として扱われたりすることまであるという、まるで対極な扱われ方をされるのです。このような扱われ方の多様さという特徴は、信楽タヌキと同じ縁起物であるダルマや招き猫にはないものだと思います。

一つの用法にとらわれず、各々の持つタヌキのイメージに応じて信楽タヌキを自由に扱う。そんな人々と信楽タヌキの関係を、私はこのタヌキの面白さと考えています。

人々と信楽タヌキが作り出す場

こうした人々と信楽タヌキの関係性が、結果として〝一つの景観〟を形作るまでに発展した事例があります。

それが京都市左京区一条寺にあるお寺、狸谷山不動院《たぬきだにさんふどういん》です。

fig.6 神社に置かれるタヌキ

fig.7 ホースを巻かれるタヌキ

fig.8 サンタクロースの格好をさせられるタヌキ

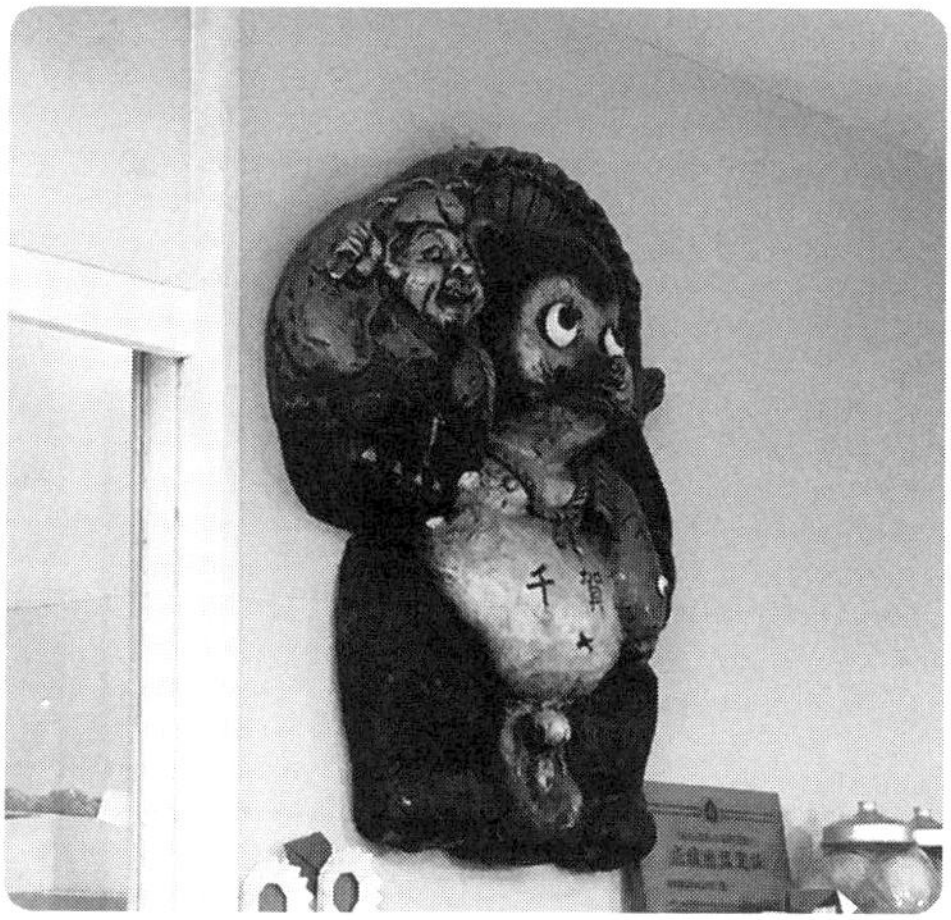

fig.9 壁に埋め込まれるタヌキ

このお寺、名前に「狸」とついていますが、「タヌキのお寺」ではありません。それにもかかわらず、現在、境内にはおよそ三五〇体の信楽タヌキが置かれてしまっています［fig. 10］。

このタヌキたちはお寺の人が集めているわけではなく、参拝者が勝手に境内に「放ち」、お寺側も知らぬ間に「住み着いた」タヌキなのです。

信楽タヌキが勝手に集まる日本一信楽タヌキの多いお寺。それだけでも十分注目したい場所ではありますが、このお寺にはさらに興味深い特徴がありました。どうやらこのお寺の境内は、現在進行形で景観を変えているようなのです。というのも、タヌキが持ち込まれるだけでなく境内のタヌキが動かされることもあるため、お寺を訪れるたびに信楽タヌキの並び方や数が少しずつ変化しているのです。例えば、［fig. 11］のタヌキは二〇一七年八月以降、突如として境内に姿を現しました。こうした現象は、境内のタヌキが「動きまわっている」状態にあるともいえるでしょう。

狸谷山不動院の謎を解明するために

一体どうしてこんな場所が作り上げられてしまったのでしょうか。そしてお寺の人々は、信楽タヌキのことをどう思っているのでしょうか。

そんな疑問を解決すべく、私は二〇一七年に現地調査を試みました。具体的には、境内のタヌキをひたすら撮影してタヌキ分布図を作成したり（作業着で信楽タヌキを撮影したり計測したりする姿は、多くの参拝者に怪しまれるばかりでした）、お寺の人たちへの聞き取りを行ったり、お寺の「場」と「人々」に焦点を当てた調査を実施しました。

聞き取りでは、狸谷山不動院の三代目貫主である松田亮海氏に、狸谷の歴史やお寺側の想いなど、詳しいお話を伺うことができました。

そこで本章では、これらの調査で得られた情報をもとに、信楽タヌキが「住み着き」、「動きまわる」お寺の謎を紐解き、人々と信楽タヌキが作る場とはどのようなものか、目を向けてみたいと思います。

fig.10　狸谷山不動院入口付近に並ぶタヌキ

fig.11　二〇一七年以降、狸谷山不動院に現れたタヌキ

二　信楽タヌキが「住み着く」お寺

狸谷山不動院とは

そもそも、狸谷山不動院とはどのような場所なのでしょう。

狸谷山不動院は、京都市左京区一乗寺に位置する真言宗修験道大本山の仏教寺院です。

車で行くことも可能ですが、最寄りのバス停留所から徒歩でおよそ二十五分、坂道を上り続けた先に寺院の入口があります。境内の高低差は非常に激しく、入口から本堂までは二五〇段の階段を上らなければいけません。建造物はその道中に造立されています［fig. 12］。

fig. 12　狸谷山不動院境内（公式HPより）

本尊は不動明王で、朋厚房正禅法師（木食正禅養阿上人 貞享四年〔一六八七〕～宝暦十三年〔一七六三〕）が一七一八年に狸谷を修験の場として開山しました。

明治時代後期になると、廃仏毀釈の影響で狸谷も荒廃の危機にさらされます。そんな中、郷土の有志が「誰もが参拝できるように山を伐り道を拡げ二五〇段の階段を整備し森林伽藍の基礎を作って、信心の進路を打ち立てた」そうです。

そして、一九四四年に寺法が制定されて以降、現

table 1　狸谷山不動院の年表

年／時代	タヌキにまつわる主な出来事
1711 年	朋厚房正禅法師（木食正禅養阿上人）が狸谷入山
1718 年	狸谷が修験の場として開山される
明治後期	郷土の有志によって道が整備される。250 段の階段、森林伽藍の基礎が作られる （廃仏毀釈による荒廃が関係している。寺院となる以前からこの山への参拝者は多かった）
1937 年	三社明神堂造立（現存する最古の建造物）　※狸谷 D 寺法制定以前より祀られていた三神を祀る
1944 年	修験道大本山一乗寺狸谷山不動院として寺法を制定
1950 ～ 60 年代?	参拝者により境内に「信楽タヌキ」が置かれ始める（寺院に無許可で置かれた）
	参拝者の希望により水子供養（赤ちゃん地蔵）。100 体を超える（現在は供養は一切ない）
1960 年～	境内に「信楽タヌキ」増加
1965 年	檀家さんへの記念品として、山伏姿のタヌキの置物を約 300 体制作（15㎝程度の清水焼）
1966 年	交通安全祈祷殿造立（1979 年に現在の位置へ移転）
1979 年	入口・石碑造立　※狸谷 A（もとは黒いオタマジャクシが多い池だった）
1981 年	光明殿新築（当時は現在より小さいものだった）
1986 年	本堂完成（二代目）
1990 年	信徒会館造立
1992 年	参拝者の希望により、境内に七福神の石像造立　※狸谷 B
2003 ～ 2004 年	タイガース優勝記念の石碑を入口へ設置 （以前からタイガース監督や選手との関わりがあった）
2009 年	HP 上でブログの開設（12 月 31 日）
2010 年～	参拝者に階段の段数を案内するための〝お出迎え用〟として、境内の「信楽タヌキ」を使用 （現在 6 体。古い写真から、少なくとも 1 体は 2010 年 3 月以降に置かれたものであること が判明）
2011 年	読売テレビの番組企画にて、タイガース優勝祈願として「信楽タヌキ」を祈祷 （唯一、お供えが許可されたタヌキ。バス停から境内までアナウンサーが背負って運んだ）
	三社明神堂内にウスサマ明王移転。タヌキの配置が変化
2013 年	公式 Facebook 開設（12 月 13 日）
2014 年	入口に除草シートを敷く。その際、職人がタヌキを移動
2016 年	「狸谷山不動院のキャラクター」として SNS 上でタヌキのイラストを紹介（8 月 2 日） 「福」と書かれた通帳や笠などを持った、「信楽タヌキ」に近い姿。はんこ屋によるデザイン 「狸谷のキャラクター」として山伏姿のタヌキのイラストを公開。リニューアルした御朱印帳 に使用（SNS 上でも紹介。1965 年の山伏姿のタヌキの置物をデフォルメしたキャラクター） 公式 Twitter、Instagram 開設
2017 年	タヌキが主役の小説を原作とする TV アニメ『有頂天家族 2』とのコラボイベント「有頂 天家族 2 京巡りスタンプラリー夏休み特別版」開催（8 月 7 日～ 9 月 14 日）
2018 年	狸谷不動明王 300 年祭

在の大本山狸谷山不動院として成立しました。

詳しいお寺の歴史については、年表［table 1］にまとめています。

この狸谷山不動院は名前から「タヌキのお寺」と思われがちですが、これは誤りです。実はお寺の縁起にはタヌキとの結びつきはありません。では、「狸谷」とは何かといえば、これは開山以前の遡られる限り、少なくとも江戸時代からあった狸谷という地名に由来しているといいます。

ちなみに松田氏曰く、このお寺の近辺に動物のタヌキは生息していないようで、数年に一度、境内でタヌキを見かけては、お寺の中で騒ぎが起こるということです。

また、狸谷山不動院の特徴として、本尊以外にも七福神やウスサマ明王（トイレの神様ともいわれています）をはじめとした様々な神仏が祀られていることが挙げられます。

この理由を、松田氏は「昔から狸谷という山がフリースペースであったから」だと話しました。

お寺として成立する以前、修験の場であった当時から、この山は様々な信仰を受け入れてきたといいます。お寺として成立した後もその姿勢は変わらず、「信者さんの気持ちを最優先に、要望に応える形で」神仏を残したり、新たな信仰対象を造立したりして、現在の狸谷が出来上がったのです。前者の例としては三社明神堂があり［fig. 13］、こちらは寺院成立以前から信仰されていた氏神を祀っているようです。後者の例としては、弘法大師光明殿より手前側に位置する七福神像が挙げられます［fig. 14］。こちらは、七福神を祀りたいという参拝者の要望に応え、一九九二年に造られたものであるといいます。

なぜタヌキが境内に「住み着いた」のか

そんな狸谷で最も着目したいのは、この「フリースペース」に〝信楽タヌキ〟が参入してきた、ということです［fig. 15, 16］。松田氏によれば、一九五〇年代〜一九六〇年代あたりから境内に信楽タヌキが置かれ始めたそうです。

ただ、これらのタヌキはお寺の人が集めているわけではありません。参拝者が、お寺に無許可で勝手に置いたタヌキです。一〇センチ程度の小さなタヌキならまだしも、一メートルほどの相当な重量のあるタヌキまで、徒歩ないしは車で山道を登ってここまで運んできた人たちがいるということです。ちなみに、狸谷山不動院で信楽タヌキの販売はしていませんし、お寺の近辺にも販売しているお店は存在しません。つまり参拝者は、滋賀県の信楽町や通販等で購入した、あるいはもともと自宅にあったタヌキをわざわざ狸谷まで持ってきて

fig. 13　三社明神堂

fig. 14　七福神像

fig.15　境内（入口）に置かれるタヌキ

いる、ということになります。

一体どうして信楽タヌキが「住み着く」ようになってしまったのでしょう。参拝者はお寺の人に気づかれないようタヌキを置いていくので、どのタヌキを誰が置いたのかもわかりませんし、タヌキを持ち込んだ理由もはっきりしません。

fig.16　境内（三社明神堂）に置かれるタヌキ

ただ、松田氏はこの理由の一つとして、「境内に信楽タヌキが増えたのは高度経済成長期。人々の暮らしが豊かになり、家の建て替えや引っ越しが増えていった時代のため、タヌキの置き場所に困った人が増えたのではないか」と推測しています。

そのほかに考えられるのは、願掛けのために置いた、「狸谷」という名前からタヌキを祀るお寺だと勘違いして持ってきた、境内に信楽タヌキがたくさん置かれているから自分も置いてみようと思って持ってきた、などが挙げられます。ただ、どのような理由にせよ、結果として信楽タヌキは年々増え、現在およそ三五〇〇体もの信楽タヌキが「住み着く」ようになってしまいました。

理由もはっきりしないままに数を増やした信楽タヌキ。ですが、タヌキを置いた本人から話を聞けずとも、実際の境内から数々の謎に迫ることも可能です。

そこで次節からは、〝境内の「場」〟と〝そこに関わる「人々」〟という二つの視点で、このお寺と信楽タヌキの関係をみていこうと思います。

三　境内の「場」の調査

境内における信楽タヌキの分布

早速ですが、信楽タヌキが境内のどこに、どのように置かれているか、二〇一七年十一月時点の信楽タヌキ分布地点を記した図［fig. 17］を見てみましょう。信楽タヌキは参拝者によってお寺に無許可で置かれているはずですが、図を見ると、境内に無秩序に置かれているわけではなく、いくつかの地点に固まって置かれていることがわかりました。

そこでfig. 17では、タヌキの存在する地点を大きく三種類に分類しました。①一つの場所に複数のタヌキが固まって置かれる分布域のメイン地点（●印の狸谷A〜D）、②お寺側が置いたタヌキが分布する地点（■印）、③二〇一七年八月以降に新たにタヌキが置かれた地点（◆印）の三種類です。

各地点のタヌキを合計すると三四四体。そのうちの三三六体が地点①に分布するタヌキなので、地点②と③のタヌキは境内においては例外的なタヌキであるといえるでしょう。
　なお、各地点のタヌキの個体数は二〇一七年の調査当時のものとなります。

地点①　狸谷A~D

　現在、境内に「住み着く」タヌキのほとんどが地点①の四カ所に固まって分布しています。今回は、fig. 17のとおり、この四地点を狸谷A、B、C、Dと呼ぶことにしました。狸谷Aは境内の入口にあたる場所、狸谷Bは七福神の石像、狸谷CはBから少し上がった先の階段脇にある広場、狸谷Dは三社明神堂とその周辺です。

　配置されるタヌキの種類は様々で、年代の古い（一九〇〇年代初頭の特徴を持つ）タヌキから、比較的新しい時代のタヌキまで、また大きさも一〇センチ程度のものから、最大で一メートル程度のタヌキまで置かれていました。

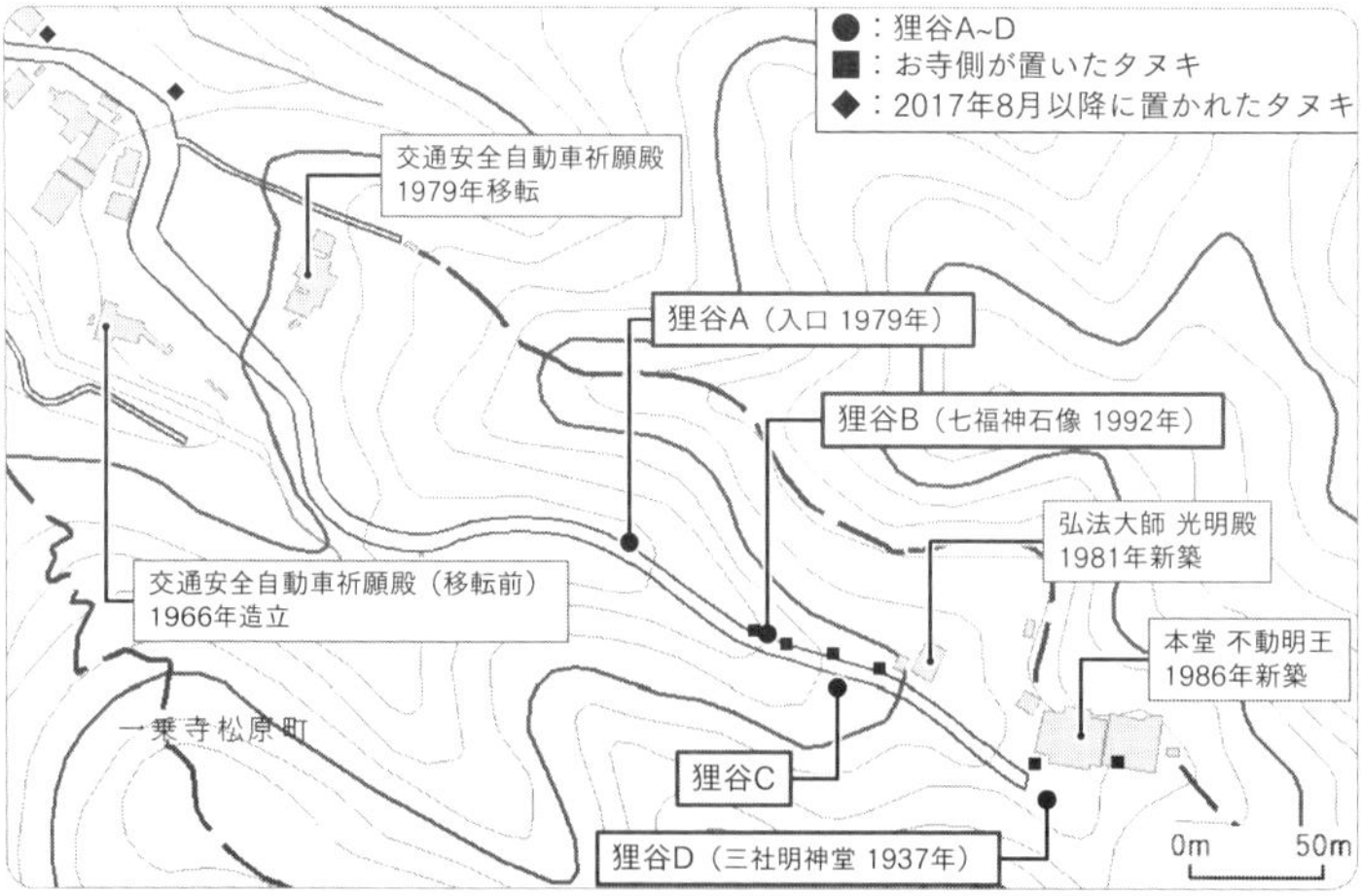

fig. 17　境内の信楽タヌキ分布図

狸谷A

入口（一九七九年造立）　一五八体

参拝者がタヌキの頭に
小銭をのせていることも。
何かの願掛け…？

1979年以前の
この場所は
ただの池だったらしい

石碑の裏には
お寺イチ大きなタヌキが
隠れている（80cm程度！）

きれいな背の順！
どうやら2014年の改装工事の際に
業者（職人）が並べ直したらしい

近年は参拝者がタヌキを
きれいに並べ替えることが多いらしい
（写真映えを意識？　松田氏より）

台の上に1体だけ鎮座する
山伏タヌキ。
まるでお寺のシンボルのよう
（2019年ごろ盗まれてしまった…）

1900年代初頭の作品と
思われる古いタヌキ！
改装工事では、
お寺はこのタヌキを
「可愛くないから」奥に置くよう、
業者に頼んだらしい…

狸谷A↓入口（一九七九年造立）　一五八体

どんな場所？

狸谷Aは「狸谷山不動院」という文字の刻まれた石碑が立つ境内の入口。狸谷A～Dの中では一番手前にあって、唯一、階段を上らずにたどり着ける、お寺の「玄関」と呼べる場所です。

また、駐車場が隣接するため、四地点の中で「最もタヌキを置きやすい場所」であるともいえるでしょう。そのためか比較的大きいサイズのタヌキが多く、八〇センチを超えるタヌキも見かけられました。

fig. 18　境内（入口）で「背の順」に並ぶタヌキ

なぜか背の順に並ぶタヌキ！

最も面白いのは、タヌキが「背の順」の並び方をしていることです［fig. 18］。複数の参拝者がバラバラに置いていったにしては、あまりにも整った並び方ではないでしょうか。

この疑問については、過去の写真やお寺への聞き取りから理由を明らかにできました。

どうやら狸谷Aは、二〇一四年十月に除草シートが敷かれ、「玄関」としての見栄えがより良くなるよう改装されたようです。そして、工事の際は職人さんが

狸谷B

七福神像（一九九二年造立）　一三体

「信者さんの気持ちに応えて」
七福神像が建てられた（松田氏より）

2017年11月の台風で起きた
倒木の撤去作業の前後で、
置かれたタヌキが
総入れ替えになった可能性がある…

七福神の置物も
紛れ込んでいる

かなりデフォルメされた
タヌキも

多くのタヌキを一時的に移動し、改装後に置き直されたといいます。つまり、この工事をきっかけに信楽タヌキが「背の順」に並ぶようになったのです。

実際に二〇一四年以前の写真を確認すると、タヌキの並べられ方が現在よりも乱雑で、大小バラバラだったり、別方向を向いたタヌキが点在したりしていることがわかりました。

松田氏曰く、「職人さんはこだわりが強いから、タヌキを置き直す時はキレイに並べ替えていた」ようで、また、「工事の後からタヌキを並び替えたり、入口の写真を撮ったりする参拝者が増えた」そうです。

狸谷B↓七福神像（一九九二年造立）一三体

どんな場所？

狸谷Bは参拝道中の階段脇に建てられた七福神の石像が並ぶ地点です。この七福神像は一九九二年、参拝者の要望に応える形で建てられたといいます。

七福神像に紛れ込むタヌキたち

狸谷Bは、七福神の石像の中にとけ込む形で――まるで自分たちも七福神の一員だと主張するかのように――タヌキが置かれているのが特徴です。

さらには七福神の置物のような、タヌキ以外の置物も複数体置かれていました。

境内には神仏が祀られる場所がいくつかありますが、その中で神仏と一緒にタヌキが置かれているのはこの場所だけです。

狸谷C

広場　四体

もともとは目的のない、
ただの広場だった！

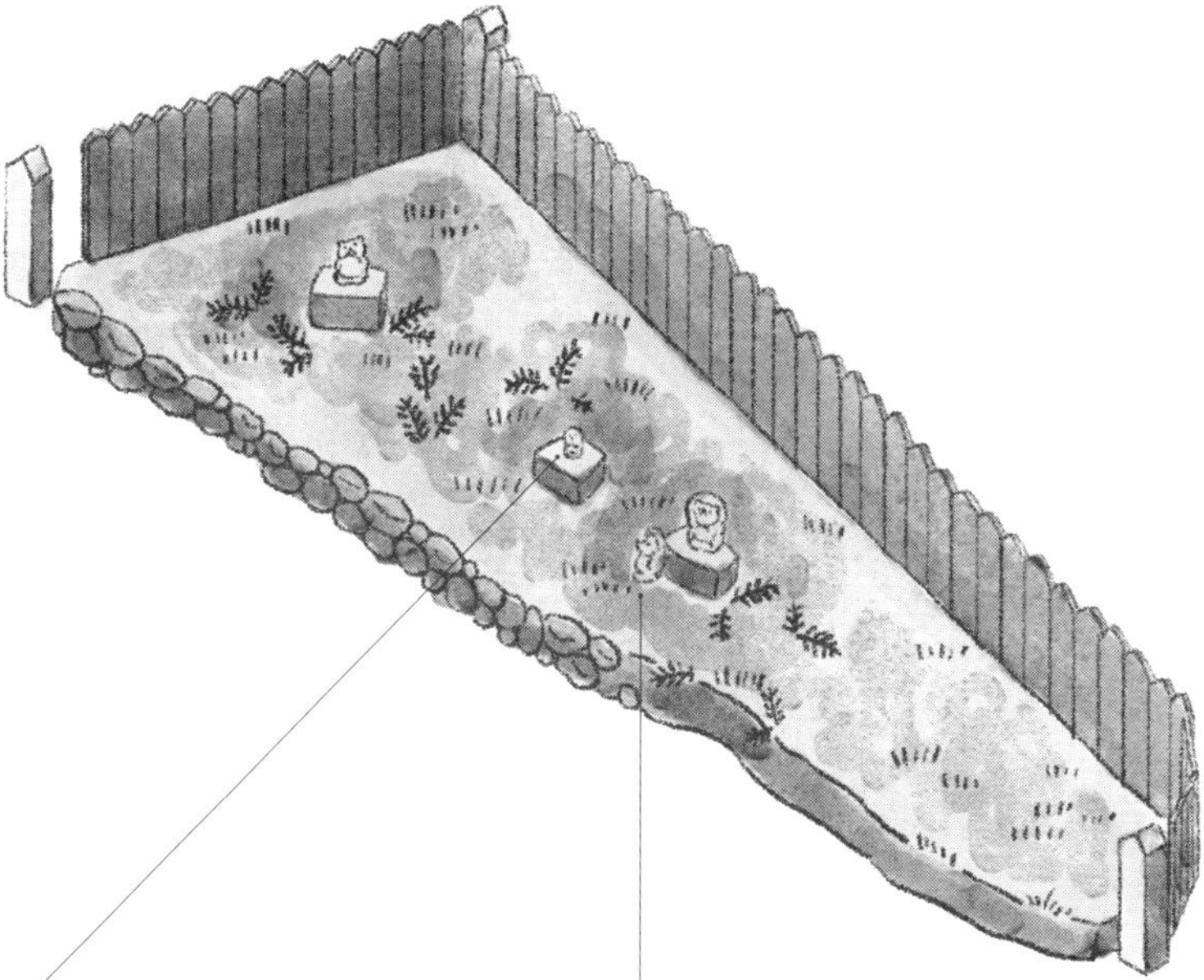

季節によっては雑草が茂り、
草むらに潜むかのよう

ポツンと置かれるタヌキ。
たまに場所を移動することも

狸谷C↓広場　四体

どんな場所？

狸谷Cは参拝道中の階段脇にある広場で、岩の上、あるいは岩のそばにタヌキが置かれています。四地点の中では、最もタヌキの数が少ない場所です。

ただの広場がタヌキスポットに？

狸谷Cは、まるで広場の岩を台座にして、タヌキが飾られているかのように置かれているのが特徴的です。

今でこそタヌキを飾る広場という印象を受けますが、松田氏によれば、この広場はもともと用途も目的もない、ただの広場であったといいます。

信楽タヌキの存在が境内に新たな「意味ある場所」を作り出した事例ともいえるでしょう。

狸谷D↓三社明神堂（一九三七年造立）　一六〇体

どんな場所？

階段を二〇〇段上がった先、参拝道を挟んで修験道場の向かい側に位置する三社明神堂は、境内に現存する最古の建造物です。この御堂周辺が狸谷Dとなります。

狸谷Dと一括りにいっても、その中の場所によってタヌキの置かれ方や扱われ方が大きく異なっています。そこで、この地点をさらに三地点に細分化してみました。

参拝道から見て正面、御堂を囲む玉垣の外側がＤ１、御堂の下がＤ２。御堂の裏側がＤ３です。大半のタヌキはＤ１に置かれています。

また、この狸谷Ｄは四地点の中で最も入口から遠く、階段も二〇〇段上る必要があることから、「最もタヌキを運びづらい地点」といえるでしょう。

同じ場所でも多種多様な置かれ方

この地点では、Ｄ１、Ｄ２、Ｄ３でタヌキの置かれ方、扱われ方が多様です。Ｄ１は御堂を囲う玉垣に沿ってタヌキが並べられていて、最も数の多い場所です。

Ｄ２は御堂下の空間です。ここにはタヌキ以外の人型・動物型の置物も多く、その数は同地点のタヌキの数を上回るほどです。

最も注目したいのは、御堂の裏側にあたるＤ３です。この場所のタヌキは大半が土埃をかぶり、埋もれてしまっているタヌキも見かけられます[fig. 19, 20]。にもかかわらず、かわいそうなことにお寺の人や参拝者がタヌキから土埃を払い除けることはしないのです。

調査の結果、なんとこの土埃は自然に堆積したものではなく、境内の掃除の際にお寺の人がかぶせてしまっているものだとわかりました。本来、三社明神堂の裏側も通路であり、お寺の人々によって日々掃除される場所だといいます。その

狸谷D

三社明神堂（一九三七年造立）　一六〇体

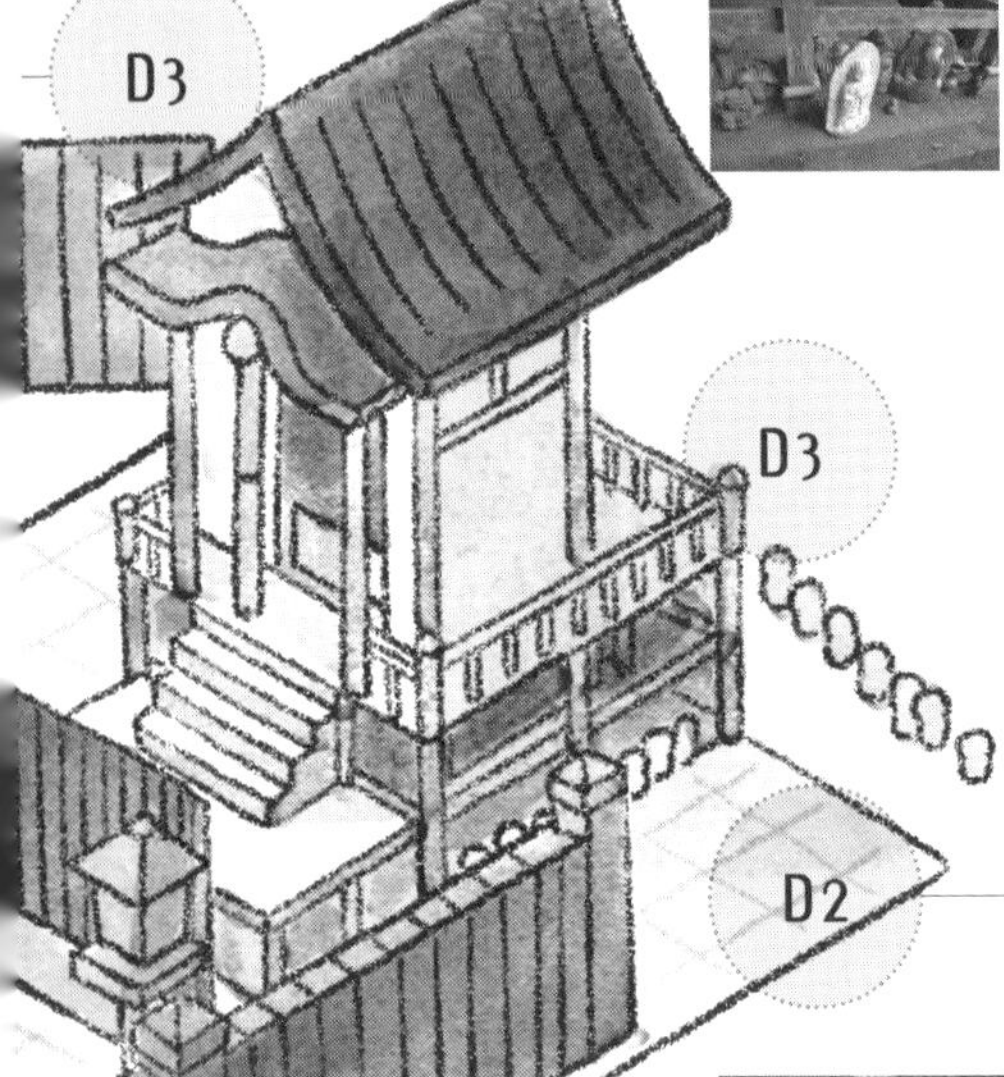

分福茶釜タヌキも

タヌキの風化の仕方が特徴的
（カビ…？）

タヌキ以外の置物も
ほぼ同数確認

ここが境内で一番最初に
タヌキが置かれた場所かも？

玉垣に沿って
きれいに整列！

明らかに「飾るため」に持ち込まれたタヌキも

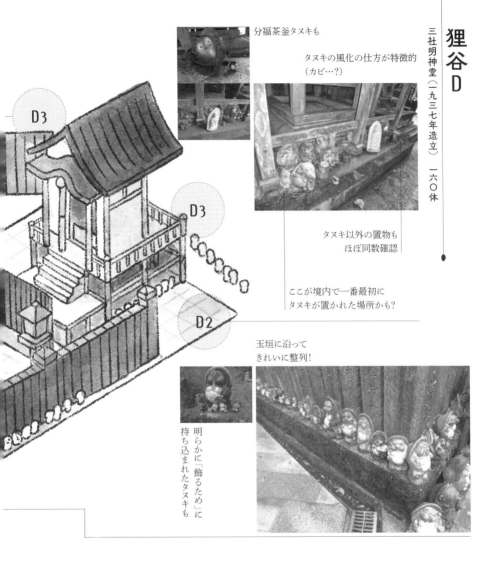

200段の階段を上って運ばれた
タヌキが160体もいる場所…

キノコのようなタヌキ

御堂裏

ほぼ埋まるタヌキ

タヌキが半身浴をしている

御堂横

土埃を被ったタヌキたち。
一体なぜこんなことに…

D1

fig.19……三社明神堂裏で足元に土埃をかぶるタヌキ

ような場所にタヌキが置かれるため、掃除の際には「タヌキがジャマになり、申し訳ないと思いながらも」、箒で掃いた枯れ葉や土埃をタヌキに積もらせてしまっているそうです。

fig.20……三社明神堂裏で土埃に埋まりかけているタヌキ

境内各所にひそむ「山伏タヌキ」

狸谷での信楽タヌキの扱われ方を語る上で、注目したいタヌキがいます。それが、調査で六体確認できた、一五センチ程度の山伏の姿をしたタヌキです。

松田氏によれば、これは一九六五年にお寺が信者への記念品として三〇〇体ほど制作を依頼した清水焼のタヌキで、現在は販売・再生産されていないものだといいます。

注目したいのは、お寺にとって大切な存在なのではと思われるこの非売品のタヌキが、境内の場所によってはまるで対照的な扱いを受けている、という点です。

まず、狸谷Aに置かれた一体は、「狸谷山不動院」と彫られた石碑の真下、台座ともいえる岩の上に置かれています[fig. 21]。この岩の上に置かれる唯一のタヌキで、まるで寺院の象徴的な存在であるように思わせる置かれ方です。

一方で、狸谷D3の「山伏タヌキ」の扱いは対照的です。参拝道から見えない御堂の裏側に置かれて、まるで目立たない、それどころか、地面に埋もれかけている状態にすらありました（fig. 20の中央にいるのを拡大したのがfig.22です）。

お寺の記念品であるはずの「山伏タヌキ」も、場所によって雑な扱いを受けている。これは、狸谷とタヌキとの関係を明らかにする上で重要な要素かもしれません。

地点②　お寺側が配置したタヌキの分布地点

地点①の四地点（狸谷A〜D）のほかにも、境内には例外的にタヌキが置かれている場所があります。

まず、そのうちの一つである地点②は、階段の途中にタヌキが置かれていて、境内で六カ所確認できました。

いずれのタヌキもそれぞれの地点までに上った階段の段数を示すカードをぶら下げていて[fig. 23]、このタヌキたちのおかげで、参拝者は本堂までの残り段数を確認できるようになっています。

松田氏によると、これらのタヌキはお寺側がこの場所に置いたものだそうです。ただ、お寺の人が購入したものではなく、境内の地点①（狸谷A〜D）に置かれていたタヌキを拝借し、利用したものであるといいます。過去の写真を見てみる

fig. 21……狸谷Aの石碑下の岩に唯一置かれる山伏タヌキ

と、たしかに二〇一一年以前、この地点のタヌキたちが狸谷Aや狸谷Dに置かれていたことが確認できました。

少なくとも、ここにタヌキが配置されるようになったのは二〇一一年以降であるといえるでしょう。

fig. 22……狸谷D3に置かれる山伏タヌキ

地点③　二〇一七年八月以降、新たにタヌキが配置された地点

地点③は二〇一七年八月以降、新たにタヌキが現れた地点で、狸谷A（境内の入口）や交通安全祈祷殿よりも手前の歩道脇の二地点にそれぞれ一体ずつ存在します［fig. 24, 25］。

このタヌキたちは個人的に思い出深いものがあります。というのも、二〇一七年八月にフィールドワークを行なった後、十月に再度お寺を訪れてみると、突如このタヌキたちが出現していたのです。しかも、前から境内にいたタヌキがこの場所に移動してきたのだろうと考えるのが自然ですが、この二体のタヌキの姿にはまるで見覚えがありませんでした。色も禿げ、苔むしている姿は境内の他のタヌキと同じですが、新たに持ち込まれた〝新参者のタヌキ〟である可能性も考えたいところです。

「場」によって異なる扱われ方

境内の「場」を見てみると、信楽タヌキは無秩序に置かれているわけではなく、地点の特色に応じて〝置かれ方〟、さらにはその〝扱われ方〟に規則性や違いがあることが確認できました。

境内の入口である狸谷Aで信楽タヌキが「背の順」に並べられ、参拝者の目につきやすい場所であるためか、常に誰かの手によって並べ替えられているように見える一方で、三社明神堂の裏側にあたる狸谷D3ではタヌキが乱雑に並び、土埃をかぶったり、埋まってさえいたりしていて、誰の手も加わらず、まるで放置されているかのように見えます。つまり、境内には「何者かの手が加えられたタヌキ」と「放置されているタヌキ」が共存しているのです。お寺側の記念品である「山伏タヌキ」すらも、この影響を受けていることは着目すべきポイントでしょう。

そして、その「手を加え」たり「放置」したりし

fig. 23　階段の途中で上った段数を示すカードをぶら下げたタヌキ

fig.24,25　二〇一七年八月以降に出現した二体のタヌキ

ている「何者か」にあたる存在が、参拝者、業者（職人）、そしてお寺の人々なのです。次節では、実際に貫主である松田氏より伺ったお話から、これら三者の「人々」、特にお寺の人々について深掘りしたいと思います。

四　境内のタヌキに関わる「人々」

「持ち込み」「動かす」人々

まず参拝者は、境内に信楽タヌキを勝手に「持ち込み」、お寺に無許可で置いていった張本人です。境内に信楽タヌキがここまで増えた一番の要因は、当然この参拝者にあるといえるでしょう。

さらに、持ち込むだけでなく、置かれているタヌキを「動かす」こともあり、

それが度を超えて持ち帰ってしまう参拝者さえもいるそうです。実際の事例として、二〇一九年には狸谷Aの「山伏タヌキ」――まさに前述したfig. 21のタヌキ――が何者かに持ち去られてしまう事件が発生しました。この時、お寺側も「山伏タヌキを返してほしい」という旨をSNSで発信していますが、未だ戻らぬままといいます。

ちなみに、松田氏から聞いた〝朝参りに来る参拝者〟のお話は興味深いものがありました。各々に愛でているお気に入りのタヌキがいて、朝参りの際、そのタヌキが倒れていると元に戻したり、破損しているとひどく悲しんだりするのだといいます。

参拝者の次に信楽タヌキに関わる存在として、境内の改装工事を担当する業者の職人がいます。

調査の結果、タヌキが置かれている「場」の周囲を改装・改築する際、業者がその地点のタヌキを一時的に移動させたり、並べ替えたりする事例が複数見られました。

確認できた中でも地点①狸谷Aの事例が顕著です。二〇一四年の改装工事の際、松田氏曰く「職人さんのこだわりが強かったため」、その手によってタヌキが「背の順」で並べられるようになったのです。職人は、お寺側に近い存在でありつつ、自身のこだわりを持ってタヌキを大きく移動させる存在といえるでしょう。

そして今回、特に注目したいのがお寺の人々です。

まず前提として、狸谷山不動院は「タヌキのお寺」ではありません。そんな事情もあって、お寺側は参拝者がタヌキを持ち込むことを公に許可しているわけではないといいます（現在も「タヌキを置かせてほしい」という問合せがあった際は断っているそうです）。

そのため、境内の信楽タヌキはある種の容認状態にあるといえるでしょう。松田氏のお話を通じて、そんな状態にあるお寺側は現在、「タヌキに関心がないからそのままにする」一方で、「役目を果たしてもらうときもある」という、相反する二つの姿勢でタヌキに関わっていることがわかりました。

ここでいう「そのまま」とは、境内にタヌキが増えたり移動したりしても撤去することはない、かといってタヌキが破損したり転倒したりしていても、直す、処分する、供養するということはせずにそのままにする、という扱いを意味します。

一方で、「役目を果たしてもらうときもある」という言葉は、お寺側が明確な意図を持ってタヌキを活用することがある、ということを示しています。参拝道中の「階段の段数を示すタヌキ」がまさにその一例でしょう。このタヌキたちは、もともと境内に置かれていたタヌキをお寺の人が拝借し、「お出迎えの精神のもと、参拝者に道中楽しんでもらう」ことを目的に置いたタヌキだそうです。

松田氏がタヌキとの関わりを語る際、この「役目を果たしてもらう」という言葉を何度も口にしていました。この言葉の背景には、境内に「住み着く」からにはタヌキもお寺のために働いてもらおう、という意思があるといいます。ここからも、お寺の人々は境内のタヌキを他の信仰対象と同列には扱わない姿勢であることが読み取れました。

では、お寺がこうした相反する姿勢を取るようになったのには、どのような背景があったのでしょう。

時代の中で揺れ動くお寺側の認識

松田氏のお話によると、どうやら境内にタヌキが置かれ始めてから現在に至るまで、お寺側のタヌキへのイメージは一様ではなかったことがわかりました。そしてそれが現在のお寺の姿勢にも関わっているようです。

そこで、お寺側の認識が現在までどのように変化してきたのか、松田氏のお話をもとに時系列にまとめてみました。

一九五〇年代～一九六〇年代前半「嫌なイメージ」

タヌキが置かれ始めたのは一九五〇年代～一九六〇年代頃。当初お寺側は、境内のタヌキに良い印象を持っていなかったといいます。ただでさえ「狸谷」という名前からして誤解されやすいのに、「信楽タヌキが増えることによって、より一層「タヌキのお寺」だと間違われてしまうことが多くなったため、タヌキに嫌なイメージを持っていた」ためです。これは、狸谷山不動院の本尊はあくまで不動明王でタヌキを祀ったお寺ではないという姿勢が背景にあり、当初はタヌキを撤去することさえあったそうです。

一九六〇年代後半「ありがたいもの」へと転換

一九六〇年代後半になると、境内のタヌキに「嫌なイメージ」を持っていた当初とは一転、タヌキへの印象は良い方向へ転換していくことになります。

これは、境内にタヌキが増えることでお寺の知名度が上がる、タヌキを見に訪ねてくれる参拝者が増えるなど、結果的に信楽タヌキが利益をもたらしてくれる存在となったためだそうです。この時期、境内のタヌキへの印象は「ありがたいもの」へと変化していきます。

そうしたお寺側の認識の変化が形として現れたのが、一九六五年に制作された「山伏タヌキ」です。「山伏タヌキ」は、狸谷山不動院が制作を依頼した清水焼のタヌキの置物で、信者への記念品として三〇〇体制作されました。現在も境内で見かけられるほか、寺務所内にもこのタヌキが数体飾られていて、松田氏の言葉を借りれば、「寺院がタヌキを受け入れた証拠」として捉えられる置物といえるでしょう（ちなみに、境内の「山伏タヌキ」はお寺の人も知らぬうちに置かれていたものだそうです）。

一九六〇年代後半～二〇〇〇年代 揺れ動く認識

しかし、お寺は以後の時代もずっとタヌキを受け入れ続けてきたわけではありませんでした。その例として、「山伏タヌキ」は再生産を望む声がありながら、現在までの間に再び作られることはなかったといいます。

また、一九六〇年代以降も、年に三回発行される会報「狸谷山だより」や公式ホームページ、ブログで信楽タヌキを宣伝、紹介することはありませんでした。それどころか、「あえてタヌキを写真に写さないようにしていた時代があった」という発言もあり、実際にお寺が所蔵する古写真の中にタヌキが写った写真は一枚もありませんでした。

これらの出来事からも、お寺側は常にタヌキに悪い印象を持っていたわけでも、反対に歓迎していたわけでもなく、タヌキへの認識が時代の中で揺れ動いていたことがわかります。

二〇一〇年～現在「タヌキを逆手に取ろう」

そして現在に近づくにつれ、お寺側は徐々にタヌキを受け入れるようになり、それればかりかタヌキを「活用していこう」という動きへと変化していきます。

二〇一四年以降は、お寺とタヌキとの繋がりをむしろ前面に押し出していくような動きが確認できました。例として、二〇一六年～二〇一八年頃には、「狸谷山不動院のキャラクター」としてSNS上でタヌキのイラストを公開して、アカウントのアイコンに使用したり、お土産品として信楽タヌキの姿をしたストラップの販売を始めたりしたほか、タヌキが主人公である森見登美彦『有頂天家族』（幻冬舎、二〇〇七年）を原作とするテレビアニメとのコラボイベントにも協力する事例もみられました（私が二〇一八年に作成したお寺のパンフレットを寺務所に置いていただいているのも、これら動きの一環といえるかもしれません）。

こうした、境内のタヌキをアピールする、動物やキャラクターも含めた「タヌキ」との繋がりを押し出していく姿勢が生まれた理由は、「お寺の立ち位置を見直す必要があった」ことにあるといいます。松田氏曰く、狸谷が寺院として成立し、境内に建造物が新築、改築されるまでの「建物の基礎を作り上げた時代」を終えた後、バブル崩壊とともにそれまでのお寺のあり方を改める必要性が生まれたといいます。そこで今までどおり、信心深く通ってくれる信者の気持ちに応えるだけでなく、新たな参拝者を獲得し、「お不動様の霊験をより多くの人に伝えていく」必要が出てきたのです。そんな中で、参拝者を呼び込むために「タヌキを逆手に取ろう」という考えが生まれていったといいます。

お寺側の認識が反映された境内

以上のように、お寺側の信楽タヌキへのイメージは時代を通して揺れ動き、結果として現在のような「ありがたいもの」でありながら、「関心がないからそのまま」にしつつ、「役目を果たしてもらうために活用することもある」という複雑な姿勢が形作られていきました。

この話を踏まえ、あらためて境内を見てみると、そんなお寺側の姿勢が現れた場所が浮かび上がってきました。

①「活用」姿勢が現れた場所

二〇一一年より置かれ始めた地点②の階段の段数を示すタヌキは、まさにお寺側による「活用」の一例といえるでしょう。これは境内のタヌキを拝借し、「参拝者に道中楽しんでもらう」ためにお寺の人が再配置したタヌキです。

また、地点①狸谷Aでタヌキが「背の順」に並んでいるのも、同様にお寺側の「活用」の姿勢が理由となっていたようです。二〇一四年に見栄えを良くするために除草シートを敷く改装工事が行われたものの、その際にタヌキは撤去されることなく、きれいに並べ替えられました。松田氏によれば、この二〇一四年こそ、お寺側の認識が変わった転機の年で、お寺の中で「タヌキをアピールしていこう」という話が上がった時期だといいます。タヌキが「背の順」に並ぶ姿は、お寺側の変化の象徴といえるでしょう。

ちなみに、こうした二〇一一年、二〇一四年の「活用」の際、松田氏はタヌキの可愛らしさを重要視していたと語っています。二〇一一年の事例の際には、境内の中で「できるだけ状態がよく、可愛らしい表情のタヌキ」を拝借したといいます。また、二〇一四年の改装工事の際は反対に、松田氏が職人へ「こいつ［fig.26］を可愛くないから後ろにやってほしい」と依頼したそうです。

②「そのまま」姿勢が現れた場所

お寺の人々は「タヌキをアピールしよう」という認識を持ちながら、未だに「タヌキに関心がなく、また狸谷はタヌキのお寺ではないという認識もなお強く残っている」と松田氏は語ります。

そんな「そのまま」にする姿勢が反映された最たる例が、狸谷Ｄ３の土埃に埋もれたタヌキでしょう。すでに述べたように、この土埃は自然に堆積したものではなく、境内の掃除の際にお寺の人がかぶせてしまっているものです。

本来、三社明神堂の掃除のためとはいえ、「タヌキがジャマになり、申し訳ないと思いながらも」枯れ葉や土埃を積もらせてしまっているという話からは、狸谷はタヌキのお寺ではないという思いや、信楽タヌキはその他の神仏とは異なる存在であるという姿勢が読み取れます。

fig. 26　松田氏が後列に置いてほしいと依頼したタヌキ

これらのことを踏まえて考えると、同じ境内で信楽タヌキの扱われ方に差があるのは、参拝者に道中を楽しんでもらうためのものとしてタヌキを捉えるという、お寺側の「お出迎えの精神」から生まれた姿勢が理由といえるでしょう。だから、参拝道から目につきやすい場所ではタヌキが「活用」され、参拝道から見えにくい場所では「そのまま」にされるわけです。

そして、この考え方に則れば、記念品であるはずの「山伏タヌキ」さえも地点ごとに扱われ方が対照的であることも説明できそうです。参拝道の入口にあたる狸谷Ａではシンボルのように飾られる一方で、狸谷Ｄ３では参拝道から見えづらい場所ゆえに土埃に埋もれても放置されているのでしょう。

五　狸谷山不動院はどんな場所?

信楽タヌキはどんな存在?

結局のところ、お寺の人々にとって境内のタヌキはどんな存在なのでしょう。

調査を通して、お寺側の信楽タヌキへのイメージは時代の中で揺れ動き、本尊がタヌキだと誤解を招く「嫌なイメージ」を抱く時期もあれば、参拝者を呼び込む「ありがたい存在」と捉える時期もあったことがわかりました。また、その結果として「関心がないからそのまま」にしたり、「役目を果たしてもらうために活用」したりすることもあるという、相反する姿勢が生まれたことも判明しました。

一方で、それらの時代に一貫している姿勢も読み取れないでしょうか。

それは、狸谷山不動院の本尊は不道明王であり「タヌキのお寺」ではないという姿勢、そして信楽タヌキは本尊や境内の神仏とは異なり、決して信仰対象ではないという姿勢です。

信楽タヌキはあくまで境内に「住み着く」存在であり、だからこそ雑に扱うこともあれば、仕事をしてもらうこともある。お寺の人々にとって境内の信楽タヌキは〝住み込みで働く従業員のような存在〟なのかもしれません。

実際に、従業員として信楽タヌキがお寺に影響を与えたといえる例があります。

例えば、地点①狸谷Aでの二〇一四年の改装工事は、境内にタヌキが増え、参拝者を呼び込む存在となったことで、お寺側の認識が動かされたことがきっかけです。また、参拝者との関係でいえば、狸谷Aで見られた、タヌキの頭に小銭を載せる行為は、お寺という荘厳な場に存在するタヌキが参拝者の信仰心に働きかけた結果の事例として挙げられるかもしれません。さらにいえば、境内にタヌキが増えるにつれ、「狸谷山不動院にはたくさんのタヌキが置かれている」という事実が、人を（そして新たなタヌキを）境内に呼び込む動機づけの一つとなっていることは間違いないでしょう。

その点では、この狸谷山不動院は、参拝者、業者（職人）、お寺の人々、そして信楽タヌキの四者――ここではあえて三者＋一匹と言いたいところです――の姿勢や関係性を反映する形で作られた場所であるといえるでしょう。

化け続ける狸谷山不動院

狸谷山不動院は、三者と一匹の関係性によって形を変え続ける「場」です。これは境内の信楽タヌキの数が日々増えたり減ったり、場所が変わったりするというだけに留まらず、「人々」、特に今回はお寺側の人々の〝時代ごとの信楽タヌキへのイメージや姿勢の変化を反映していく場所〟であるという意味も含んでいます。

そのため、もし今後お寺側が「信楽タヌキ断固拒否」の姿勢を取れば、境内のタヌキがめっきり姿を消してしまうかもしれません。あるいは、来年にはお寺側が信楽タヌキを大々的に受け入れ、信楽タヌキ奉納イベントなんかを開催している可能性もあるでしょう。

今後も訪れるたびに表情を変えていく狸谷山不動院へ、ぜひ皆さんも足を運んでいただきたいです。

最後に、本著で明らかにできなかった一番大きな謎があります（あえて触れてこなかったともいえますが）。それは、参拝者がなぜ信楽タヌキを持ち込んだのか、その理由にほかなりません。信楽タヌキは参拝者が持ち込み増やしたものです。しかし、これらタヌキは無許可で置かれたものであるため、参拝者が自らタヌキを置いたことを報告することなど当然なく、ゆえに置いていった人を突き止めることができないのです。

信楽タヌキをいつごろ持ってきたのか？　なぜ狸谷山不動院に置こうと思ったのか？　タヌキを置く際は、どんな観点で置く地点を選んだのか？　そして、タヌキのことを、お寺のことをどう思っているのか？　まだまだ疑問は尽きません。これらの謎を解明すべく、私はタヌキを持ち込んだことのある参拝者の発見と、狸谷山不動院境内の古写真（特に二〇〇三年以前）の収集を目標に研究を続けています。ですが、当然一人の力で成しえるはずがなく、皆さんの力が必要です。

もし、狸谷山不動院の過去について、また境内の信楽タヌキについてご存知の方がいれば、ぜひご連絡ください。共に、この狸谷山不動院の謎を解き明かしてみませんか。狸谷山不動院に興味を持ったその日が、新たな信楽タヌキ研究者誕生の記念日となるでしょう。

Column 03

酒買い小僧狸とタヌキ

酒買い小僧狸

顔

全体が黒もしくは濃い褐色で、
目の周辺だけ薄褐色のものが多い。
上目遣いで笑顔を浮かべている

お腹

でっぷりとした太っ腹。
大きなおへそがある

持ち物

徳利と通帳を手に持ち、
笠をかぶっている。
杖やほかの縁起物を
持っていることも

手足

徳利と通帳を持っているが、
手は開いた状態で表現されており、
人間のように手を握っていない

金袋

誇張された大きさで、
金運、子孫繁栄の縁起を表す

尻尾

体色と同じ色で
表現されることが多い

タヌキ
顔
全体が薄茶色で、
目の周辺からあごにかけて黒。
鼻筋は細長い。
頬の周りの毛がふさふさなので
丸顔に見える
手足
地面に付く足の指は4本で肉球がある。
足の裏にも肉球があり足跡が
梅の花のようになる
肉球
お腹
秋になると脂肪を蓄えて
お腹を太らせる。
冬毛はふさふさだが、
夏毛は意外とスリム
持ち物
4つ足で歩くので何も持てない
尻尾
先端部分だけ黒の
個体が多い。
決して縞模様ではない
金袋
一般的なイヌやネコと
変わらないサイズ
（人間の小指程度）

第5章

日本のたぬきのイメージと韓国たぬき事情

萩野（文）賢一

はじめに

本稿は、前半で「たぬき（タヌキ、狸）」[1]のイメージの多様さと「たぬきらしさ」について考察し、後半では韓国のたぬきについて紹介する。

昔話などに出てくるたぬきの特徴というと、以下のようなものだろう。

①間抜けで愛嬌がある
②抜け目がなくて、人を騙す
③物や人に化ける（主に男？）
④人を化かす（音真似をする、道に迷わす、石や砂を降らす等）
⑤人に取り憑く
⑥狸寝入りをする
⑦腹鼓を打つ
⑧山や樹の下の穴に住んでいる
⑨捕まると狸汁にされる

また、外見上は、

⑩全体的に顔もお腹も丸く、太っている

⑪目の周りに隈取りがある
⑫金玉が大きい（平べったい、あるいは、丸い）
⑬通帳や徳利を持ち、笠をかぶっている（酒買い小僧、焼物）

少し古いものだと

⑭僧衣を着ている

人によっては、⑤⑧⑭などは、あまり馴染みがないかもしれず、⑫は丸いのは知っているが、平べったいのは知らない人、③も意外と美女に化けた伝承が多いのを知らない人も多い。⑬⑭は小僧や僧侶に化けた姿を狸が化けたものとわかりやすくするため、服装や持ち物だけが人間のものになっているのだろう。

また、代表的なたぬき話の一つ「カチカチ山」の話を聞いて、おじいさんに捕まってしまう狸、兎にころりと騙されて何度もひどい目に遭ってしまう狸と、おばあさんを殺して婆汁をおじいさんに食べさせてしまう狸とのギャップに、「よくわからないヤツ」という印象を持つ人も少なくないと思う。

「たぬき」のイメージについて考察するのが本稿の目的であるが、あるモノへのイメージは人によって異なる。たぬきの場合、多様な面を持ち画一化されにくいという動物のタヌキの性質に加え、様々な既成のイメージが錯綜しており、非常に幅がある。以下、具体的に述べる。

たぬきのイメージ

直接的な体験がもたらすイメージは、比較的明瞭で具体的なものとなる。野生のタヌキをよく見かける人、動物園によく訪れる人、実際にタヌキを飼ったことがある人は、その匂いや肌触り、動作や性格などまで頭に浮かべられるだろう。また、イメージは思い浮かべる人の体験や関心によっても変化する。動物園のタヌキしか見たことがない人と、丹精込めて作った作物を野生動物に荒らされたことのある農家の人では、当然イメージが異なる。マニアあるいは、たぬきの専門家といわれ、専門分野への造詣が深い人でも、動物のタヌキについてはくわしいが、伝説上の狸についてはよく知らなかったり、逆に妖怪の狸はよく知っていても、動物のタヌキは知らなかったりということがある。イメージは人によって千差万別で、個人の中で様々に変形、加工されている。

たぬきのイメージ自体は本来、動物のタヌキへの人間の認識から生まれたもののはずだ。しかし、後述するように、動物のタヌキは見方によっては相反するような様々な面を持っており、どの側面を見るかによって異なったイメージを抱かれやすい。また、個人のイメージは、絵や文、口伝などで表現されなければ、他者には伝わらないが、表現は巧拙を伴い、巧みで正確なものもあれば、そうでないものも存在し、不正確な表現から生まれるイメージもある。よっぽどのマニアでない限り、多くの人は写真やテレビのドキュメンタリー番組、童話や小説、マンガやアニメ、さらには飲み屋の店先にある焼物の狸などの姿が混在した漠然としたイメージで「たぬき」をとらえている。生まれてから一度も動物のタヌキを見たことがなくても、伝言ゲームのように童話や絵などの様々な表現を通して、本来のタヌキの姿とはかけ離れたイメージを持つ人も多く存在する。

実物（動物）のタヌキ

タヌキは、哺乳類ネコ目（食肉目）イヌ科に属する動物で、学名は、*Nyctereutes procyonoides*（ラテン語で「アライグマに似た夜にものをさがす動物」という意味）。

タヌキはイヌ科動物の中でも原始的だと言われる。これは肉食獣として他の動物を捕食するため、速く走れるよう、四肢が長く発達したオオカミやイヌ、キツネなどの他のイヌ科動物に比べて、四肢が短くて走るのが比較的遅く、捕食の能力が未発達なことを指す。そのため、見晴らしがよく走りやすい草原よりも森や人里に近い山、川辺に住み、果物や穀物、昆虫、魚介類なども食べる雑食性で、イヌ科動物では例外的に木に登って実を食べることもある。夜行性の動物とされるが、実際の行動時間は、夕方、日暮れごろから深夜の一〜二時、そして明け方の日が昇る前後が多く、人の目にも付きやすい。つまり、イヌ科でありながら、イヌらしくなく、ある部分はネコに近い。

外見について述べよう。体型は寒い地域のタヌキのほうが体が大きく四肢も長いが、本州以南の日本国内に住むホンドタヌキは、尾の長さを除いた頭から尻

fig. 1-1　骨格と体と体毛（側面からの体）

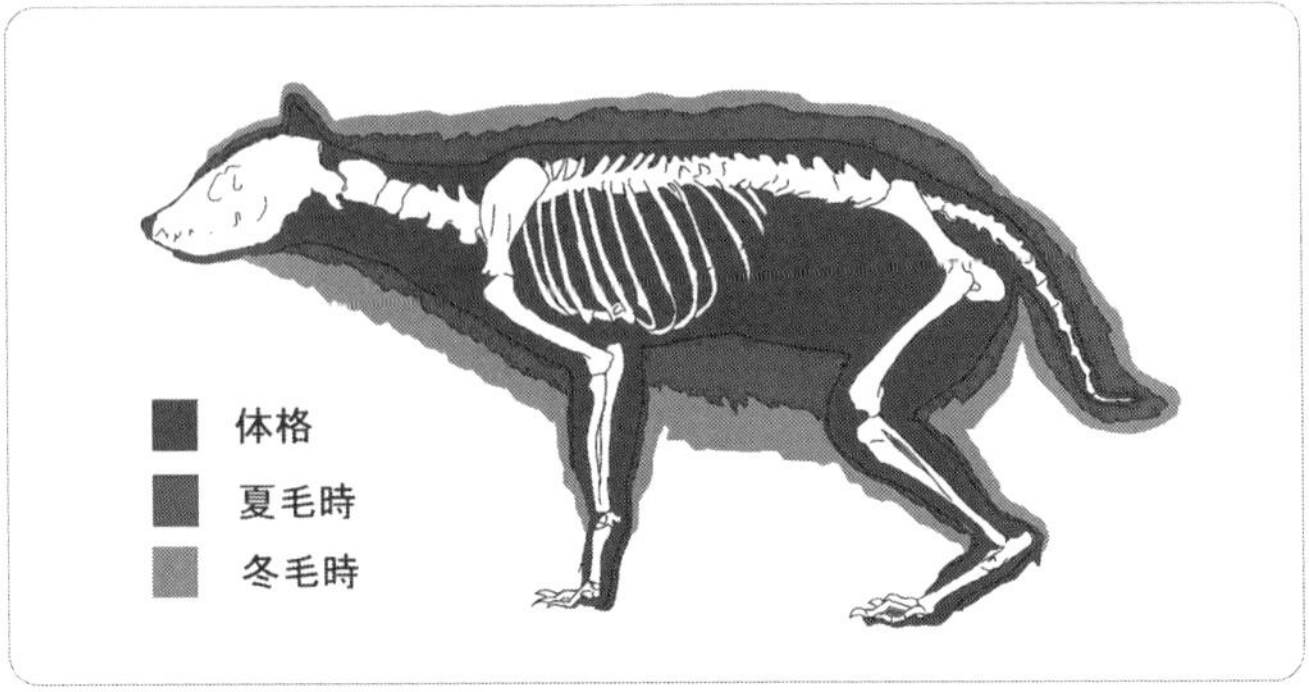

までの体長は（文献により若干異なるが）、成獣で約四〇〜六〇センチ程度（まれに八〇センチほどになるものもある）で、中型犬より小さく、ネコと同じくらいか、少し大きめといったところで、四肢は短め。イヌと同じように一年の暑い時期と寒い時期で毛が生え替わり、夏毛は短く冬毛は長くなり、同時に晩秋から冬にかけては越冬のために脂肪を蓄えるので、冬のタヌキはよく太り、他の季節以上に足がより短く、体はより丸く見える。尾の長さは一二〜二五センチほどでキツネよりは若干短く、これも夏は細く、冬は太く見える［fig. 1-1］。つまり、同じ個体でも季節によって見た目が大きく違い、特に皮下脂肪を蓄える前の若くて夏毛のタヌキはテンやイタチ、キツネに、年を取って皮下脂肪のついた冬毛のタヌキはアナグマやアライグマに似て見える。

顔の形は、一般にキツネは鼻が前に長く、全体的にとがって逆三角形になっているのに比べ、タヌキは丸顔と思われているが、実は両者の頭骨の形はよく似ているという（『タヌキ学入門』高槻成紀著、誠文堂新光社、二〇一六年）。ただ、タヌキは頬のあたりから左右に長く毛が伸び、たてがみのあるオスライオンの顔が、メスライオンよりずっと大きく見えるように、毛のために顔全体が実際より大きく丸く見える上［fig. 1-2］、首から体全体が長い冬毛で覆われると顔と首の境目もはっきりせず、首の長さが目立たない。また、捕食能力に劣るため、他のイヌ科動物のように高く首を上に伸ばして遠くの獲物を見つけ、追いかけて捕まえるより、地面に落ちている虫や木の実などを探すために、首を垂れ下を見て歩くことが多いので、一層顔が大きく丸く、首もより太く短く見える。そのため、イヌ科動物は全体的に口吻《こうふん》（口先）が長いが、タヌキはそれが目立たず、ネコ科動物のように丸顔に見えもする。

目は、他の野生動物と同じようにほぼ白目は見えず、光彩は濃い茶色。目の周りを黒い毛の縁取りが囲んでいる個体が多いため、全体に丸く思われがちだが、実際はきれいなアーモンド形や切れ長で目付きの悪い個体も多い。瞳孔はネコのように縦長に収縮する。

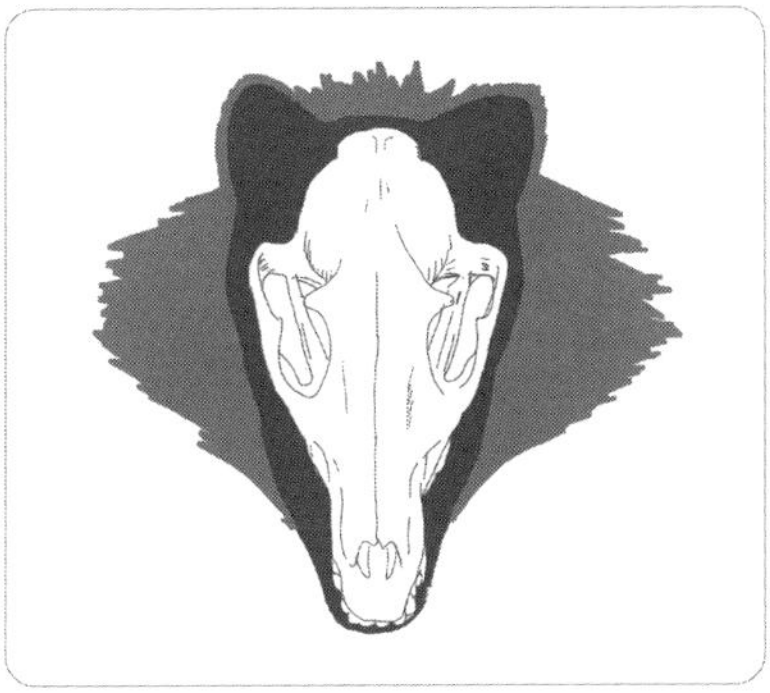

fig. 1-2　骨格と体と体毛（正面顔）

耳の形は場合によって、三角に見えたり、丸く見えたりする。基本的にはキツネに近く、若干丸みを帯びた三角形だが、子タヌキのうちはより丸く、成獣でも毛が多いと丸く見える。耳の縁の毛が黒い個体が多いが、例外もある。つまりイヌ科動物に多く見られる三角形に張った耳の形が目立たない。

顔や目の周りの縁取り模様（歌舞伎役者のようなので、筆者は「隈取り」と呼んでいる）は、「タヌキらしさ」の代表的な特徴とされる。近年出版された、タ

fig2-1 ～ fig. 2-6　顔や目の周りの縁取り模様

fig. 2-1

fig. 2-2

fig.2-3

fig. 2-4

fig. 2-5

fig. 2-6

タヌキ1年目の成長過程
毎年4～5月誕生
生後2,3日の姿
全身黒色で子イヌかクマのよう
生後2～3週
茶や白の毛がまじるが、
はっきりとした模様はなし
生後1～2カ月
模様ができ、
タヌキらしく
晩夏～秋
体長はほぼ成獣だが、
まだ脂肪は少なく
夏毛でスリム
若干キツネっぽい
fig. 3　タヌキの成長過程

ヌキに関する本は、fig. 2-1 ~ 2-2 のような隈取りをしたものこそが「タヌキ」であるとしているものが多いようだが、これと異なる隈取りだったり、隈取り自体が薄いタヌキも、実際には多数存在する［fig. 2-3-2-6］。また、同じ個体でも加齢によって顔の周りに白い毛が増えていくことがあるようだ。ただし、生後二、三週程度の子タヌキは、顔も体もほぼ黒一色で、成長するにしたがって他の色がまじるようになる［fig. 3］。目の周りが黒いと、天然のサングラスのようになって目の位置がわかりにくく、表情や視線を読みにくいため、何を考えているかわからないという「得体のしれなさ」を生むと同時に、生存に有利なのかもしれない。

　体の模様は、近年やはり fig. 4 のような模様こそが、「タヌキらしい」とされることが多いが、これにも例外が多数ある。日本では一九三〇年代に農林省（現、農林水産省）主導で毛皮採取のためのタヌキの養殖が大規

fig. 4　体の模様（冬毛時）

模に行なわれたことがあり、養狸のための指南本が多数出版された。その一つ、『実地研究 狸の飼ひ方』（古谷春吉著、泰文館、一九三七年、八〜九頁）などは、タヌキの「毛相」を以下の四種類に分けている。

一、タヌキ相 全體灰褐色にして上毛に白輪を有するもの即ち「ゴマ」の目立つものである。

二、十字相 脊筋黒く兩肩前肢をつなぐ黒帯が発達して、十字に結んでゐる。他は淡褐色を呈する普通の種類である。

三、白色相 全身白色にしてうすく一様に赤がかつたものであるが極めて稀である。

四、八文字相 胴上部が特に黒く八字を描出するもの、之も稀である。

また、資料によっては、これに

五、ムジナ相 夏毛に似て毛が粗く。毛色は淡い灰褐色を呈し、背の下部から尻にかけて黒いもの。

六、黒色相 これは全身殆ど黒毛を以って被はれてゐるもので、極めて稀にしか存在しない。但し下腹部のみは往々褐灰色を呈するものがある。

の二種を追加したものもある。(2)

fig.5-1 タヌキ相

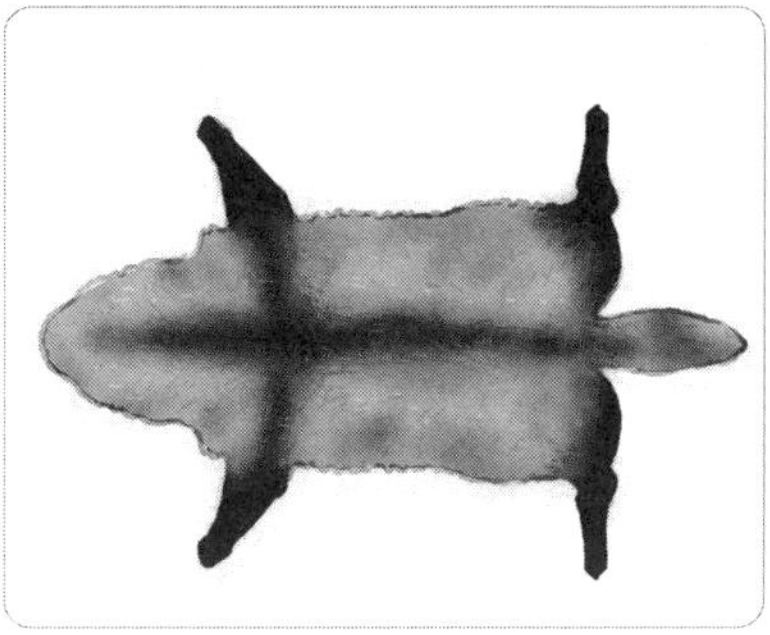

fig.5-2 十字相

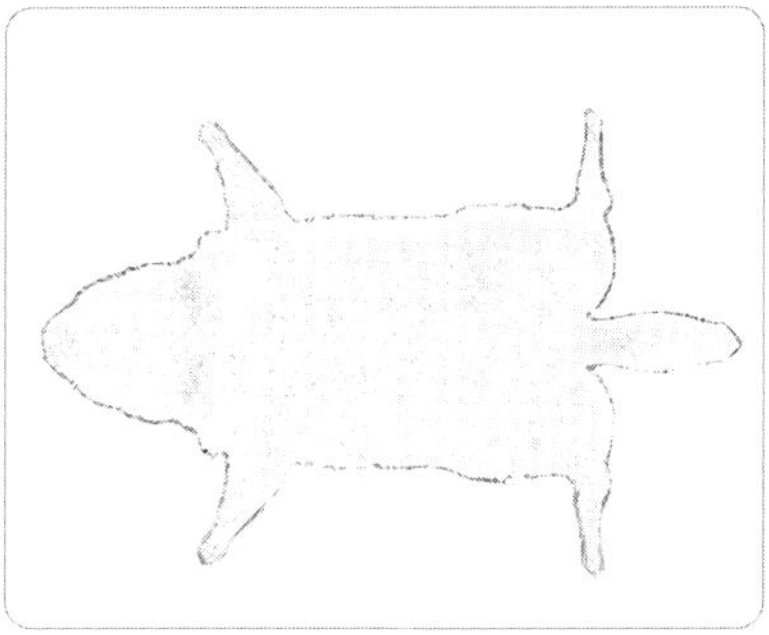

fig.5-3 白色相

fig.5-4 八文字相

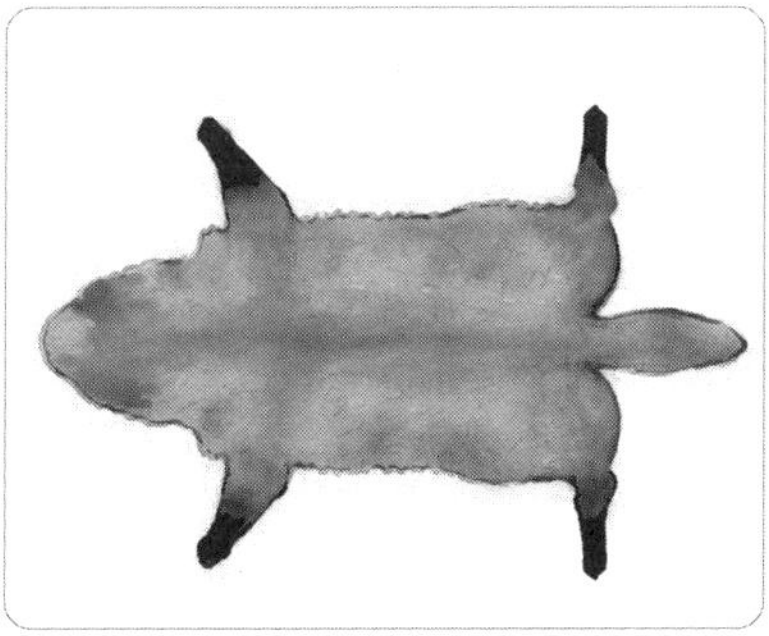

fig.5-5 ムジナ相

fig.5-6 黒色相

fig.6「博物館獣譜 白狸」（船橋久五郎画、一八〇九年、東京国立博物館蔵）

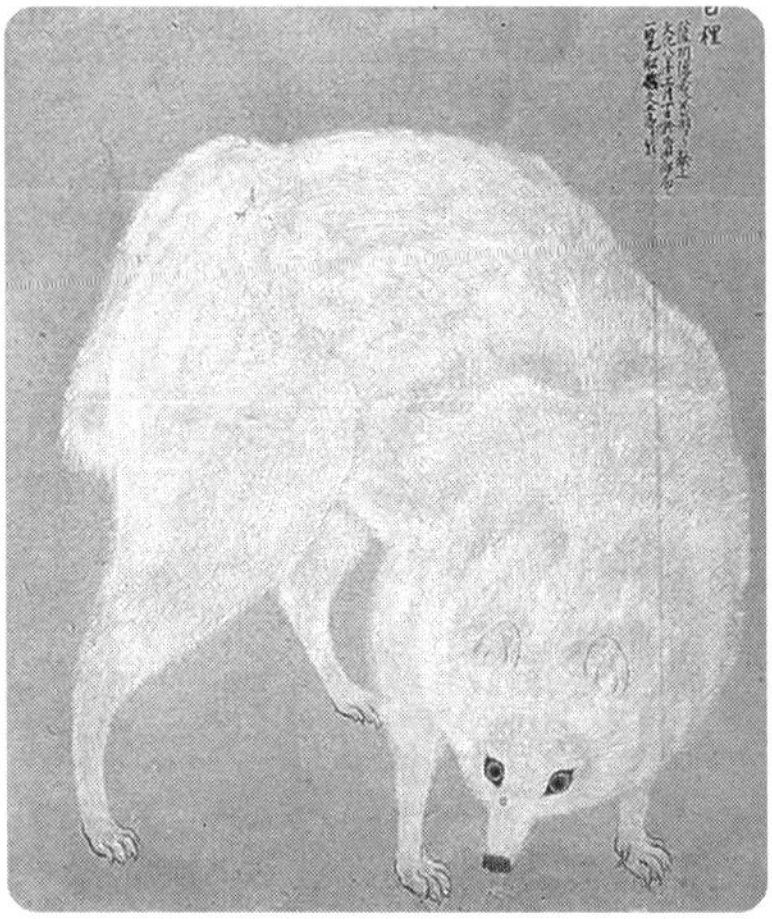

これらを図にすると、おそらくfig.5-1〜5-6のようになるだろう（実際は個体差があり、大まかな例）。タヌキの毛皮は、主に黒と白の部分と、茶褐色あるいは灰褐色の毛の配合で分類されていたようだ。毛は、ほぼこの四色で構成されているが、一本一本の毛が途中で白から茶色、茶色から黒、あるいは白と茶と黒というように変化しているものもあり、完全な黒の部分や白の部分以外は、全体に細かくそれらの色がまざり、ゴマ模様になっている。タヌキ相の白輪とは、首筋や背筋に白い横線が現れるものがあるので、そのことだろう。白色相は、白変種（色素が減って体毛が白くなったもの）を指し、確かに全体的な割合からいうと数は少ないが、昔から白い動物は珍重されたため、実は相当数、記録に残っており、東京国立博物館には江戸時代に薩摩屋敷で飼われていたという白いタヌキの絵が所蔵されている[fig.6]。また、本稿執筆中の現在（二〇二一年初頭）、広島の宮島では野生の白タヌキが観光の目玉として紹介され、三重の大内山動物園や岡山の池田動物園、山口の周南市徳山動物園でも白タヌキが飼育されている。海外でも管見の限り、二〇〇二年には北朝鮮で、二〇〇四、二〇〇五、二〇〇七年には韓国で野生の白タヌキが発見された。高知の動物園わんぱーくこうちアニマルランドには、白に少しだけ黒のまじったポンコちゃんや、三毛猫のような毛並

みのブチポンくんなどがいる［fig. 2-4, 2-5］。全身真っ黒な黒色相は、白色相よりも珍しいらしく、管見の限り捕獲場所や捕獲年月日などの具体的な記録や写真は残っていないようだ。有り難みに欠けるからなのだろうか？　あるいは、キツネの中には全身黒いものもいるので、これを混同したのかもしれない。また、ムジナ相は、アナグマの模様に似ていることから、つけられた名前らしい。

以上からわかるように、タヌキの毛相は例えばパンダのように皆が同じ模様をしているわけではなく、個体によっては、アナグマやテン、アライグマなどによく似ている。

次に性格について。冒頭に挙げたように、①間抜けで愛嬌がある、と、②抜け目がなくて、人を騙す、の矛盾したイメージが併存しているが、実は食いしん坊のタヌキは、他の野生動物に比べて簡単に餌付けされてしまうようで、茨城の主婦、山本幸子さん[3]は、手記によると一九九八年の時点で十四代目のタヌキを餌付けしていたそうなのだが、食べ物はずうずうしく貰いに来て、ときには催促さえするのに、人間に対する警戒心は捨てず、なかなか人に慣れるというところまではいかないと書いている。こういう点が、「愛嬌」がありながら「ずるい」とされる所以だろうか？　また、視力があまり発達しておらず、後述するように、自他の縄張りに比較的無頓着な上、好奇心の旺盛な若いタヌキは人の近くに平気で寄ってくることがあり、他の野生動物に比べて大胆に見えもする。そのくせ、大きな音など強い刺激があるとすぐに気絶してしまう（いわゆる「狸寝入り」）という非常に臆病な面もある。大胆かと思えば臆病でもあるのだ。

タヌキはイヌ科動物だが、野生のオオカミやイヌと違い、群れで狩りをすることはなく、子育ての時期を除けば、基本的に一匹か、番《つがい》のオス・メスの二匹で行動する。それぞれがゆるい縄張りを持っているが、その範囲は重なることも多く、同じ餌場を共有することも多い。そのため、ゆるい力関係はあっても、個体間にオオカミやイヌのような完全な上下関係はなく、上位のものに完全服従はしない。タヌキの飼育記を読むと、自分が嫌なことを強要されると、相手が誰であっても受け入れず、一度相手を敵と認定したら、もう二度と受け入れることはないため、イヌを育てるつもりで厳しく躾をすると、その後は絶対に言うことを聞かなくなる、とある。おおらかなようでいて、プライドが高くて執念深くもあるのだ。

現在、日本では野生のタヌキの飼育は、鳥獣保護管理法で制限され、保護あるいは研究目的に限って許可されている。しかし、二〇〇二年の同法整備以前は、山で拾ってきたり、罠にかかったタヌキを家で飼ったりするのはよくあることで、一九八〇年代前半から二〇〇〇年代までには保護あるいは飼育記や餌付けの記録が数多く出版されており[4]、エッセイ風のものまで含めれば枚挙に暇がない。これらの著書の記述、中でも作家らしい感性でタヌキの性格を鋭く描写した、たくきよしみつ氏の記述をもとに筆者なりにタヌキの性質や行動を整理すると、以下のようになる。

気まぐれで自分勝手、気分がいいときや腹が減ったときは、餌をくれとずうずうしいくらいにねだる。そのくせ、人見知りで臆病、人の気配を感じただけで、暗がりへ隠れ、大きな音に驚くとすぐに気絶してしまうが、気絶してもすぐに目を覚まし、いつの間にか逃げてしまっている。好奇心と食い意地が旺盛で空腹のときは怖さより食い意地が上回る。頑固で気になったこと、やりたくなったことはとりあえずやってみないと気がすまないが、やりたくないことは絶対にやらない。意外とプライドが高く、他者の言うことを聞かない。命令や強要をされると執念深くいつまでも覚えていて、一度敵とみなした相手には激しく牙を剥く。頭が悪いわけではないのだが、大きな失敗をしたり、まずい結果になった場合、とぼけて知らんふりをすることはあっても、懲りずに執念深く同じような行動を繰り返す。下手なことや、向いてないことも、気になったらまずやってみるが、細かな動作は苦手で、コミュニケーションもなめるだけじゃなく、噛むことが多い（しかも、噛まれると結構痛い）。短い足でトテトテとジグザグに歩き回るが、意外と素早く、餌を探して下ばかり見ているかと思えば、いつの間にか木にも登っている。だが、木から降りるのは下手でほぼほぼ落下するような降り方しかできない。野生環境化では番ができると常に二匹で行動し、子どもが生まれると父親も積極的に子育てに参加するため、夫婦愛や父性愛が強いようにもいわれるが、動物園などの飼育環境下では雌が複数の雄と交尾する姿が確認されたり、生まれた子どもの数が少ないと、親の過干渉が子どもに休息する暇を与えず、殺してしまったりもする。などなど。いちいち、こうかと思ったら、ああだったりするというように、人間的な基準からは行動の落差が大きく、意表を突かれるのだ。

もちろんタヌキの性格にも個体差があり、すべて同じわけではない。そもそもタヌキはタヌキとして自分らしく生きているだけで、自分の基準で判断する人間の側にも問題があるのだが、我々としては「かなり面倒くさくて、わかりにくいヤツ」と思わざるをえない。

狸の変遷

タヌキのこうした様々な面が多様なたぬき（タヌキと狸）像を生んできたのだろう。だが、イメージというのは実物のタヌキだけではなく、他の人のイメージからも影響を受けるものだ。ここからは、主に人間の側に起因する狸のイメージの変遷を見ていく。

まず、非常に大きな変化の流れとして、人間の自然への畏れが薄らいでいったことの影響がある。科学技術や人々の認識が未発達な過去、人間は動物を含む自然に驚異や畏れを抱き、強い力や神性を感じた。特に人里の外にある山や海は人間の力が及ぶ領域外と認識され、そこからやってくるものに、複雑な思いを持った。こうして狸もまた、時代がさかのぼるほど、強い力を持った恐ろしいモノ（神、あるいは妖怪）とされた。柳田國男は妖怪を「多くは信仰が失われ、零落した神々の姿」であると定義しており、(5) 妖怪研究の大家である小松和彦氏は神が先にあって、あとから妖怪となったわけではないと、これを批判しているが、ともあれ、長い目で見たら、狸は自然の恐ろしさの一部を象徴する神的な強い力を帯びたモノから、人々が自然への素朴な畏れを失うにつれ、徐々に神性や神秘性を失い、ずる賢くて油断はならないが、滑稽で間抜けな妖怪や単なる動物の一種へなっていったということなのだろう。

超常的な力を備えた狸（あるいは狢（むじな）[6]）が、日本において文献に現れるのは非常に古く、『日本書紀』推古紀（六二七年）に「人となって歌を歌った（有狢化人以歌之）」という記録がある。このころから狸は人に化けているのだが、実は中国の古典、『抱朴子』[7]や『捜神記』[8]などには、それに先立って人に化ける狸について書かれている。これらの影響を受け、日本独自の要素を加味しながら狸のイメージが作られ、伝えられてきたのだろう。

実は、漢字の「狸」は、もともと中国では主にヤマネコとそれに近い動物を指す文字であり、タヌキを指すのは「狢」や「貛」だったようだ。「狸」が指す肉食のヤマネコ類は、雑食性のタヌキとは性質が異なり、より獰猛で攻撃的な肉食動物である。中国初の近代的辞書といわれる『辞源』（上海商務印書館、一九一五年）では、けものへんの狸は狐属（おそらくタヌキ）、むじなへんの貍は猫属（おそらくジャコウネコ類）に分類されているが、どちらも発音は同じなので、日常会話では混同されていたものと思われる。漢字が渡来したころ、日本には野生のネコ類がいなかったため、「狸」がどのような動物を指すのかは不明だったのだが、鎌倉時代以降に、タヌキを指すという誤った解釈が定着してしまったそうだ。（蛇足だが、猫型ロボットのドラえもんが、作中でタヌキと呼ばれて憤慨する場面が何度もあるが、あれはある意味、中国のヤマネコの心情を代弁した場面だったのかもしれない）。そのため、たとえば「カチカチ山」で、おばあさんを騙して殺し、狸汁ならぬ婆汁を作っておじいさんに食べさせるような、非常に残酷な行動を取る狸の姿というのは、こうした外来のネコ類の動物としての狸の性質、あるいは土葬の盛んだった昔、土を掘ったり、動物の死体を食べる姿を反映しているのではないかと思われる。

また、タヌキはアナグマの掘った穴に住むことがあり（「同じ穴のムジナ」という慣用句の語源）、顔の模様や体格、大きさが似ているため、日本ではタヌキとアナグマはしばしば混同され、場所によっては同じ動物の雄と雌と考えられたり、区別されずにどちらもムジナなどと呼ばれもした。北海道では、クマは腹をすかせてもタヌキだけは食べず、近くに巣穴をかまえたり、同じ穴の中で過ごすことがある上、タヌキとクマの体臭はよく似ていて、山中で強い動物の体臭を感じ、クマかと思って警戒すると、実はタヌキだったということがあるそうで、アイヌ民族は古くから両者を非常に近いものと捉えてきたという。

中村禎里氏の『狸とその世界』（朝日新聞社、一九九〇年）によると、たぬきはある時期サルやキツネ、あるいは天狗や鬼とも一部のイメージを共有していたという。このようにタヌキは様々な動物や超常的な存在と混同されてきた。

また、比喩や風刺的な人間の似姿としての狸のイメージもこれらと並行して生まれた。中村氏は、狸には大きな寺社に属さず、しかし完全に離れることもない修験道や仏教系の下級宗教者たちの姿が重ねられてきたのだという。彼らは山で修行をし、しばしば里に下りてきては、タヌキが食物をねだるように、托鉢をしたり寄付を募ったりしたが、その際、説法や専門知識を披露することでその目的を達成した。その姿は、怪しい術を使っては食べ物を盗んでいく狸の姿と似たものとして人々の心に残ったのかもしれない。また、山に暮らし、山に関する専門知識を備えた技術者、中でも金銀などの鉱脈を見つけ掘り出す、「山師」なども同様にとらえられた可能性がある。金山で有名な佐渡は狸伝説で知られているし、炭鉱では昭和中期まで前近代的で小規模な採掘方法は「狸掘り」と呼ばれていたそうだ。そうした山師的なイメージが現在まで「狸親父」のような表現で受け継がれてきたのではないか。また、現在はあまり言われないが、まるで森のような薄暗い夜の街で男性を誑《たぶら》かす遊女もまた、狸のイメージの一部を担っていたようである。

では、現在のタヌキはどうだろう。自然を克服すべく努力を続けた人間は、公害問題や環境問題に直面し、自然を破壊しすぎたことに気がついた。近代化による都市部への労働力の集中と都市近郊の宅地開発は高度経済成長期にピークを迎え、タヌキが生息する里山は消えていった。人々は都市とその周辺部で人工物に囲まれて暮らしながら、身近な生活環境に再び適度な自然を求めるようになった。その一方、居場所をなくしたタヌキは都市部へ流入し、同時に東京では皇居や明治神宮、新宿御苑などをはじめとする都内の緑地地帯に隠れ住んでいたタヌキが目につくようになった。二〇〇〇年代以降の都内のタヌキの生息状況を追っているＮＰＯ法人「都市動物研究会」が調査内容を公刊した『タヌキたちのびっくり東京生活』（技術評論社、二〇〇八年）によると、刊行当時、多摩地区を除外した東京二三区に住む野生のタヌキの数は一〇〇〇匹以上と推測されている。また、車社会の到来は野生動物のロードキル（交通事故死）を生んだが、その一番の犠牲がタヌキだというのは、野生動物の生態に関心を持っている人々にはよく知られた事実である。こうして身近な自然の消滅と野生動物の死の両者を代表し象徴するのにふさわしい存在としてタヌキが浮上した。アニメーション映画『平成狸合戦ぽんぽこ』（高畑勲監督、スタジオ・ジブリ製作、一九九四年）で、たぬきが自然破壊に反旗を翻し、人間に戦いを挑んだのは、決して偶然ではなかった（同作の制作には、多摩丘陵におけるタヌキの保護活動を行なっていた市民団体「多摩丘陵野外博物館」が影響を与えたという）。こうしてタヌキは、一部の人にとって、自然破壊の被害者の代表的立場をも手に入れることとなったのだ。

狸の姿

前項まで述べてきた狸のイメージには、外見についての記述はあまり含まれていない。狸などの「姿」を描いた絵が印刷物を通して一般に広まるようになるのは、貨幣経済と木版印刷技術が発達し、庶民向けの印刷物が流通しはじめた江戸時代中期の一七〇〇年代中盤以降で、他のイメージに比べて、比較的遅かったからである。ここからは絵に描かれた「狸」の姿を、ビジュアル面から類型分けしていこうと思う。主な対象は、写実的な描写より伝承などに登場する想像上の狸、つまり化けたり、人に取り憑いたり、人語を話したり、金玉が大きかったりする狸の姿とする。理由は想像上の狸の姿は誇張され、表現者のイメージがより強く反映されていると思われるからである。中には現代の目からは、狸に見えないものもあるが、いずれも当時の表現者が「狸」としたことが重要だと考える。一八三〜一九一頁で述べた、実物のタヌキの姿と比べながら読んでもらえれば、違いがよくわかるだろう。

最初は顔。fig.1で示したタヌキの顔の形を横向きに単純化しておおまかなフォルムで示すとfig.7のようになる。横向きの水滴のような形の頭蓋骨（ア）の太い部分を豊かな毛（イ）が丸く包んでいる。耳は基本的に三角形だが、年齢や毛量によって形や見え方が変わる。ここから、ア全体の長さやイの大きさとの兼ね合い、耳の形や大きさで様々なバリエーションが生まれる。

アの部分に着目して特に前に伸びた口と鼻の長さを強調する場合、必然的に横向きか下向きの姿で描かれることが多くなり、より動物的な印象を与える姿になる。「動物型」と呼んでおく。動物型は主に明治時代以前に描かれたものに目立ち、現代の我々の目からは、とてもタヌキとは思われないものが多い。ここでは、大別してネズミ（イタチ・テン）型、イヌ（クマ）型に分けたが、両者の中間的なものも多い [fig. 8]。ネズミ型は、顔全体が前にとがっているが、口は小さく描かれることが多く、顔の両脇の長く豊かな毛が省略されたり短くなったりして、痩せて未発達な小タヌキに似たものである。耳が上に大きく三角に描かれるとキツネにも似るが、位置が下の方だったり、丸く小さく描かれるとネズミやアナグマなどに

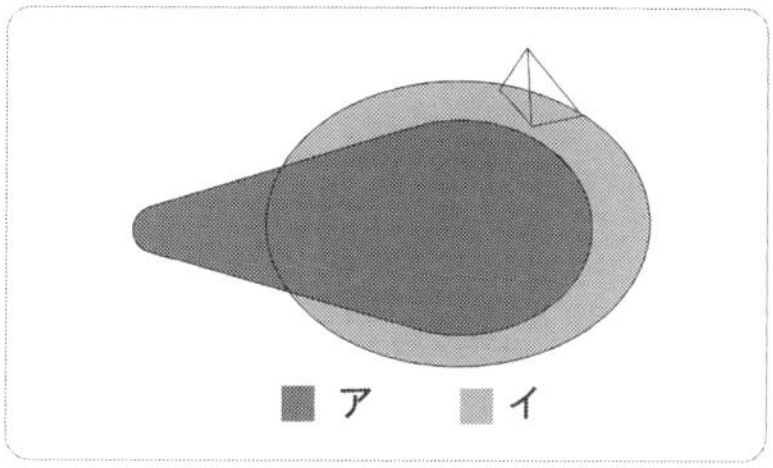

fig.7　おおまかな顔の形（横顔）

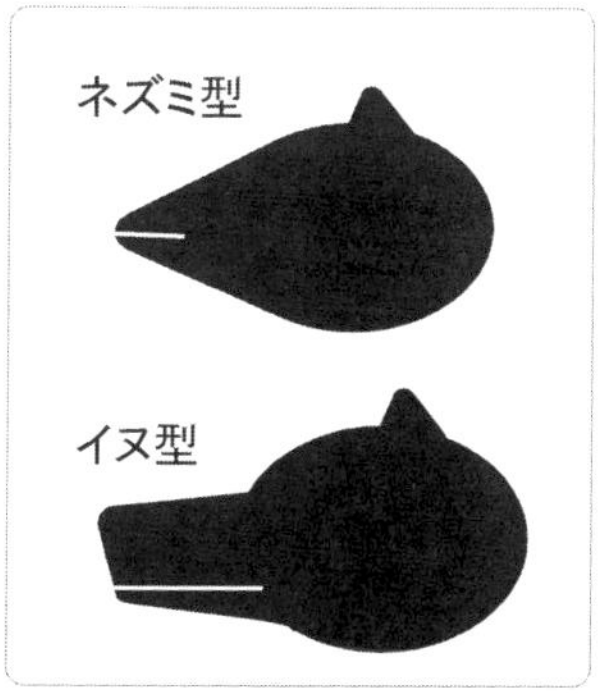

fig.8　動物型

fig. 9　丸型とタヌキ型

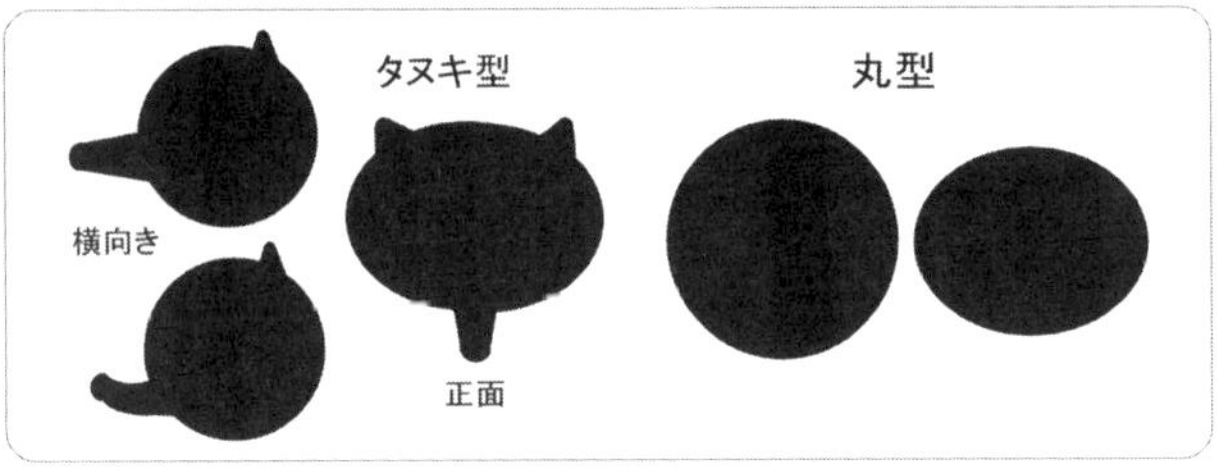

近くなる［e.g. 1-1］。次のイヌ型は、やはり鼻と口が前にとがっているが、ボリュームがあり、口が奥のほうまで裂けていて、タヌキそのものというより痩せたイヌのような姿で、口吻が短いとクマにも似る［e.g. 1-2］。このタイプは、特に明治以前は体は人間と同じで、場合によって手先や足先だけが動物のようになっているものも目立つ。

次に動物型と異なりfig. 7のイの部分に着目して全体の丸さを強調した丸型。これは正面向きの姿で描かれることも多く、より人間的でかわいらしい印象になる［e.g. 1-3］。顔が丸いだけだと、あまりタヌキに見えないので、ほとんどが動物型よりも小さな鼻や、次に述べる隈取りなどと組み合わせて描かれる。また、丸型には尖った口吻を強調し、細長い直線あるいは湾曲した鼻のついたタヌキ型といえる類型もある［e.g. 1-4］［fig. 9］。

fig. 10　耳の形

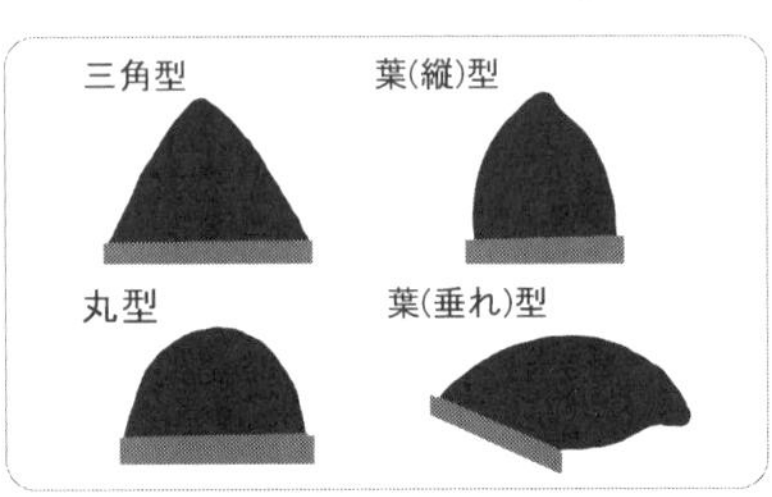

そして、耳の形。耳は大きな三角型と丸型、葉っぱの縦型と葉っぱの垂れ型の四種類に分けられ、模様は縁の黒いものとそうでないものに分けられるようだ［fig. 10］［e.g. 2-1 ~ 2-4］。

それから、隈取り。これは特に丸型の顔においては「たぬきらしさ」を決定づ

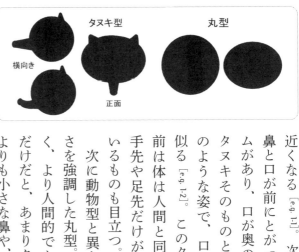

e.g. 1-1　顔 ネズミ型
（右『閣思獣境界 2巻』一九作・画、一七九七年［挿画部分］／左『まめだぬき』佐藤さとる文＋村上勉絵、二〇一二年［表紙部分］）

e.g. 1-2　顔 イヌ型
（右『お伽噺 かちかち山』小林英次郎著・画、一八八〇年［挿画部分］／左『化競丑満鐘 狸和尚の勧化帳化地蔵の略縁起』滝沢馬琴著、一八八五年［挿画部分］）

e.g. 1-3　顔 丸型
（右『ノンタン あわ ぶくぶく ぷぷぷぷう』キヨノサチコ作・画、一九八〇年［挿画部分］／左『妖怪たぬきポンチキン 人間界にやってきた！』山口理文＋細川貂々絵、二〇一六年［部分］）

e.g. 1-4　顔 丸（タヌキ）型
（右「分福茶釜」葛飾北斎、江戸後期／左「狸の腹つづみ」『小学国語読本 尋常科用 巻四』文部省編、一九三五年［挿画部分］）

e.g. 2-1　耳 丸型
（右『まんが日本昔ばなし ぶんぶく茶釜』一九八四年［挿画部分］／左「お山の三五郎」手塚治虫、一九五八年。『手塚治虫漫画全集318 ピロンの秘密』一九九三年）

e.g. 2-2　耳 三角型
（右『お伽噺 ぶん福』鎌田在明著、一八八八年［挿画部分］／左『化競丑満鐘 狸和尚の勧化帳化地蔵の略縁起』滝沢馬琴著、一八八五年［挿画部分］）

e.g. 2-3　耳 葉（縦）型
（右『むぢなのかたきうち』作者不詳、江戸前期［挿画部分］／左『美男狸の金箔』十返舎一九作・画、一八〇二年［挿画部分］）

e.g. 2-4　耳 葉（垂れ）型
（『十二類絵巻』写本、江戸前期「日本古典籍データセット」国文学研究資料館等所蔵［部分］）

e.g. 3-1　隈取り 頭巾型
（右『たぬき談義』石田豪澄、一九七六年［挿画部分］／左 麻布たぬき煎餅ロゴ［村上玉嘉 一九三三年］『他を抜く！ 老舗の意地っ張り商い道』［日永清、二〇〇五年］）

fig. 11　隈取り

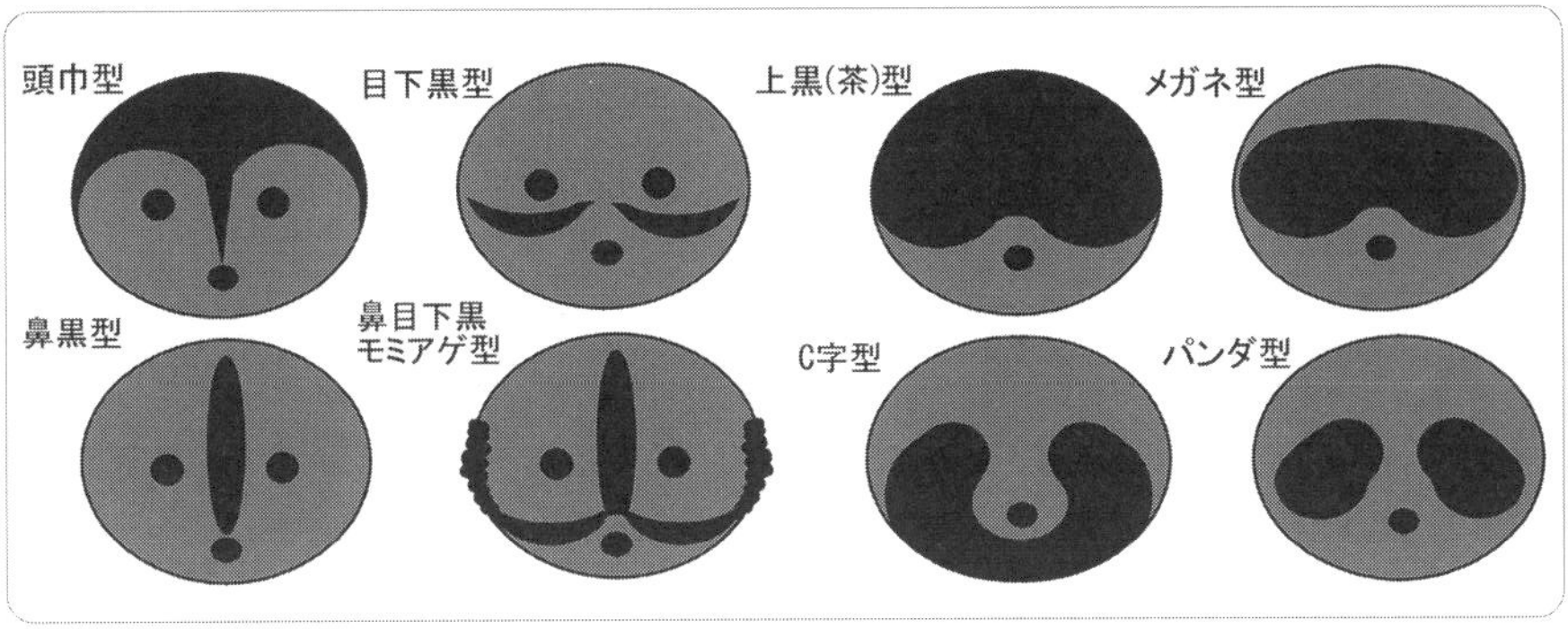

ける特徴で様々なものがあり、頭巾型、目下黒型、鼻黒型、上黒（茶）型、メガネ型、C字型、パンダ型の七種にほぼ分けられる［fig. 11］が、実際のタヌキと同じく、隈取りのない姿が描かれることもある。色は分類では便宜上「黒」としたが、他の部分より暗い色のことで、主に黒か焦げ茶色になることが多い。頭巾型は、目と口の周りだけ薄い色で、まるで頭巾をかぶっているような隈取り。主に戦中以前にデザインされた狸の絵に見られ、現在では老舗の和菓子屋のマークなどでよく見かける［e.g. 3-1］。次が目下黒型で、歌舞伎役者のように目の下に隈取りがあるもの［e.g. 3-2］。鼻黒型は眉間から鼻梁が黒いもので［e.g. 3-3］、しばしば耳の下にモミアゲのような毛があったり、目下黒型と組み合わされることもあるが、これなどは江戸期の人々の髪型をたぬきに見立てたも

e.g. 3-2　隈取り 目下黒型

（右）「鳥獣戯画画稿 猫又と狸」河鍋暁斎画、制作年代不詳［部分］
（左）「豆狸」竹原春泉画、1841年『絵本百物語 巻二』［部分］

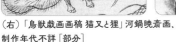

のかと思われる［e.g. 3-4］。上黒（茶）型は顔の上半分が黒あるいは茶色のもの。茶色の場合、さらに黒い他の隈取りと組み合わされることが多い［e.g. 3-5］。メガネ型は目の周りの縁取りが左右つながったもので、顔に頬かむりをした泥棒の姿のようでもあり、ずる賢く腹の読めない狸親父といったイメージにもつながっているようだ。私のような世代だと、たぬきというと、この隈取りが思い浮かぶのだが、実はこのタイプの隈取りの動物のタヌキはほぼ存在しない。杉浦茂のマンガ（「八百八狸」『怪星ガイガー・八百八狸』青林工藝舎、二〇一二年収録等）や、最近では、ゲームソフト「あつまれ どうぶつの森」（任天堂）に出てくるものなどが有名［e.g. 3-6］。次のC字型は、アルファベットのCの字の閉じていない側を上にしたような隈取りで、目の周りから口の下を覆ったもの。前述した fig. 2-1 や fig. 2-2 のようなタヌキの隈取りを表現したものと思われ、近年、よく描かれているようだ［e.g. 3-7］。最後が、パンダのように目の周りの左右の隈がつながっていないパンダ型［e.g. 3-8］。動物のタヌキと比較すると、C字型やパンダ型は、頭巾型やメガネ型よりは実物に多いが、すでに述べたとおり、すべてのタヌキがこの隈取りというわけではないので、誤解を招きやすい描き方でもある。

次は体型（体毛も含む、全体的な見た目）。まず人間型。動物型の顔のところで少し説明したように、顔や手先、足先だけが動物で、あとは人の体をしたもの［e.g. 4-1］。それから、イヌ型。イヌ科動物として四つ足獣の形で描かれたもの［fig. 12-1, 12-2］［e.g.4-2］。そして、豊かな体毛や丸い体型を強調したひょうたん型（ダルマ型）［fig. 13］。ひょうたん型には、縦型と横型があり、縦型はほぼ二頭身の雪ダルマの

e.g.3-3　隈取り鼻黒型
（右「狸のれん」富田狸通、一九七八年［挿画部分］／左『道外 狸の六化撰』歌川国芳、一八四六年頃［部分］）

e.g. 3-4　隈取り鼻目下黒モミアゲ型
（右『お伽噺 かちかち山』大森銀治郎編、一八八五年［挿画部分］／左『お伽噺 ぶんぶくちや釜』竹内栄久画、一八八〇年［挿画部分］）

e.g. 3-5　隈取り上黒（茶）型
（右『しっぽを出したお月さま』西本鶏介文、辰巳雅章絵、一九九八年［部分］／左「阿波の子タヌキ譚」富士正晴、一九八四年『富士正晴画遊録』［挿画部分］）

e.g. 3-6　隈取りメガネ型
（右『あつまれどうぶつの森ザ・コンプリートガイド』電撃NINTENDO編集部、二〇二〇年［部分］／左『八百八狸』杉浦茂、一九五五年［部分］）

e.g. 3-7　隈取りC字型（右『キツネとタヌキ2』アダモト、二〇一七年［部分］／左『可愛い狸も楽じゃない』河口けい、二〇一八年［部分］）

e.g. 3-8　隈取り パンダ型（右『ぶたぬきくんしまへいく』斎藤洋作＋森田みちよ絵、二〇〇〇年［挿画部分］／左『へんしんタヌキのふしぎなちから』佐和夏子作＋斉藤美穂絵、一九九二年）

e.g. 4-1　体型 人間型（右『四国奇談 実説狸合戦』神田伯竜、講演［他］一九一〇年［口絵一部］／左『お伽噺 かちかち山』長谷川園吉編、一八八六年［挿画部分］）

fig.12-1　体型イヌ型（立ち）

fig.12-2　体型イヌ型（座り）

fig.13　体型ひょうたん型

ような形で、横型はひょうたんが横たわったような形になっている［e.g. 4-3］。同じ狸のキャラクターでも、人のように振る舞っているときは縦型に、動物として振る舞っているときは横型に描かれることもある。足は短く描かれることが多いが、まれに長い足がつくことも。前述した中村氏によると、腹がふくらんだ狸が絵に描かれるようになるのは、江戸中期以降で、縦型は腹鼓を打つ姿に多用されているようだ。顔と体の比率は古い絵ほど顔が小さく、時代が下るほど大きくなる傾向がある。また、顔が丸型の場合、とてもかわいらしく、特に戦中戦後の子ども向け絵本から現在でもマンガなどに多く見られる。それぞれの体型は、腹が白く描かれる場合とそうではない場合がある。また、最近はさらに頭身が縮み、ほぼ首や顎がなく、一・五頭身のダルマ人形のような体型で描かれることもあるようだが、これなどは同じような頭身の信楽焼の置物が存在するので、それに影響を受けたものかもしれない［e.g. 4-4］。

尾も様々だが、ふさふさとして尾の先などの一部のみが黒や白、あるいは全体が黒か茶のものが多い［e.g. 5-1, 5-2］。また一九八〇年代以降は縞模様の尾のタヌキがよく描かれている［e.g. 5-3］。しかし、前述した通りこういうタヌキは実在しないので、アライグマやレッサーパンダなど外見が類似した他の

e.g. 4-2　体型　イヌ型
（上「狸」鳥山石燕画、一七七六年『図画百鬼夜行 陰』／下『美男狸の金箔』十返舎一九作・画、一八〇二年［挿画部分］）

e.g. 4.3a 体型 ひょうたん（横）型
（右『きつねとたぬきといいなづけ1』トキワセイイチ、二〇二一年［部分］／左『カッパ退治』千葉映橋、一九四七年［表紙部分］）

e.g. 4.3b 体型 ひょうたん（縦）型
（右『証城寺の狸囃子』金の星、大正十三年（一九二四）十二月号［挿画部分］／左『お伽噺 ぶんぶく』篠田義正編＋国利画、一八八四年［挿画部分］）

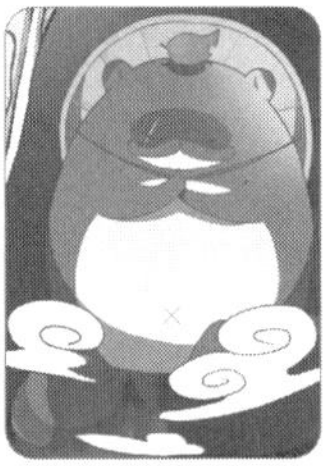

e.g. 4.4 体型 ダルマ型
（右『愚愚れ！ 信楽さん4』遠藤ミドリ原作＋宗一郎画、二〇一六年／左「大福狸」［信楽焼工房 陶器屋］）

e.g. 5-1 尾 先黒（白）
（右『たぬきときつねとひとつのお月さま』葛屋カツキ、二〇二一年［表紙一部］／左『こだぬきおーた はっけよいのこった』かまたのぶこ、二〇〇九年［表紙部分］）

動物の姿との混同と思われるのだが、江戸時代の絵にも、まれに縞が描かれていることがあり［fig. 14］、これはおそらく①描き手がタヌキのゴマ模様の毛並みを美しく描こうとしたか、あるいは、②虎縞のネコと混同した（都市部近辺の野良ネコとタヌキの行動範囲は重なることが多い）ものと思われる。

最後は金玉。狸の金玉は八畳敷（畳八畳分の広さがある）などと言われ、大きく広げて、化けたり、攻撃に用いたりされ、後ろ足だけで立ち上がる際には股の間に大きく丸く垂れ下がるものとされる。広がるのは正確（？）には金玉そのものというより金玉袋（陰嚢）で、どちらにしても大きいとされるが、特に題材として扱われない限りはあまり描かれることはないようだ［e.g. 6-1, 6-2］。実物のタヌキの金玉（睾丸）と陰嚢は他のイヌ科動物と同じで特に巨大ではない。冬毛の豊かな毛を生やした尻尾が股の間にあるのを見た人間が錯覚したか、あるいはタヌキの毛皮が金の精製加工に用いられたことに由来すると推測する人が多く、筆者も同意見である。このイメージはタヌキ自体に起因するというより、多分にタヌキを見る人間の側に由来するものなのだろう。

狸の金玉が巨大なものとして描写されるのは、知られている限り、『本朝食鑑』（人見必大、一六九七年）の文章によるものが最初で、当初は睾丸が丸く大きいと言うよりは、陰嚢が時に応じて平べったく広がるものだった。それが睾丸までが大きく、丸く膨らみを帯びて描かれるようになるのは、中村氏によると一七七〇年代以降ということだが、現在は後者の姿のほうが一般によく知られているようだ。たぬきの登場する代表的な昔話には、大きな金玉が登場するものは

e.g. 5.2　尾 全黒（茶）
（右『峠の狸レストラン』桂三枝作＋黒田征太郎絵、二〇〇六年［挿画部分］／左『カチカチ山』北村寿夫他著、一九二六年［挿画部分］）

e.g. 5.3　尾 縞
（右『TVアニメ月刊少女野崎くん OFFICIAL FAN BOOK』学研、二〇一六年［部分］／左『うちの師匠はしっぽがない』TNSK、講談社、二〇一九年［部分］）

fig. 14　「狸貉図譜」作者不詳、江戸後期（『ようこそたぬき御殿へ』滋賀県立陶芸の森、二〇〇七年より）

e.g. 6.1　金玉（丸）
（右『お伽噺 かちかち山噺し』木村文三郎編、一八八二年［挿画部分］／左「丁鳴原の腹鼓 百種怪談妖物双六」歌川芳員、一八五八年）

e.g. 6.2　金玉（広）
（右『花暦八笑人 五編上』瀧亭鯉丈作＋歌川国芳画、一八四九年［挿画部分］／左『ぶんぶく茶釜』作者不詳、一七三五～四五年［挿画部分］）

ないのに、今もこのイメージが広く共有されているのは、焼物の狸が広く普及したせいだろうか。

以上、描かれた狸の姿を大まかに分類した。しかし、同一作家の同じたぬきでも場面によってタイプが変わるものもあるし、当然これ以外の姿で描かれたたぬきも存在する。描き手の作家性や美意識、創作態度等によって、まったく想定外の姿のたぬきも生まれている［fig. 15-1, 15-2］。

「たぬきらしさ」について

さて、このようにたぬきは「自由」かつ「多様」に描かれ、その表現が歴史的に積み重なり、イメージがイメージを生んで、様々なたぬきの姿が現在まで伝えられてきた。しかし、こうした姿の中に、我々がいかにも「たぬきらしい」ものと、そうじゃないものを感じ取ってしまうのもまた事実である。「らしさ」もまた時代や人によって、少しずつ異なり変化しているのだろう。「たぬきらしさ」とは、「たぬきの個性」あるいは「たぬきの特徴」とも言い換えることができるが、それは一体、何なのだろう？　本節の最後に考えてみたい。

詳細は省略するが、人は何か新しいものを把握するとき、まず「(自分が知っている) 何に似ているか」で大きく捉

fig. 15-1 『おはようどうわ タヌキのおはなし』東君平、一九九九年（表紙一部）

fig. 15-2 「たぬきゅん」夢眠ねむ、二〇一七年（『たぬきゅんもこもこポシェットbook』より）

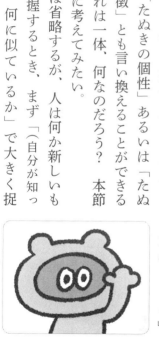

え、その次に「(その似ているものと)どこが違うか」で細部を正確に把握していく。この二つの段階が確実に行なわれて、はじめてイメージとその表現は説得力を持つ正確なものになる。タヌキとアライグマを「なんとなくよく似たもの」と理解した人が、タヌキといいながら、アライグマにしか見えない絵を描くのは、タヌキとアライグマが「どう違うか」をよく把握していないからだ。曖昧なイメージは、さらに曖昧なイメージを再生産していく。

さて、「たぬき(タヌキ、狸)らしさ」とは何か? それはつまり、「他の似ているものとの明確な違い」ということになる。ここで、前に示したfig. 2-1とfig. 2-2(一八六頁)をもう一度見てほしい。前述したとおり、この姿をしていないタヌキも数多く存在するのに、現在これは動物のタヌキを正確に表現した、説得力のあるタヌキの姿とされる。なぜそうなるのだろう? 理由はこのタヌキは、イヌとも、クマとも、キツネとも、アナグマやアライグマとも確実に違った模様をしているからである。繰り返しになるが、タヌキの体毛の模様は個体差が大きく、実際には他の動物にとてもよく似た模様のタヌキも数多く存在する。最近、筆者がインターネット上で目にした、山口の巌流島に生息する野生のタヌキなど、体毛だけを見るなら、私には太ったキツネに見えるものだった[fig. 2-3]。

では、伝承中の狸を含むたぬき全体のイメージはどうだろう? より単純に、他の動物と「違った部分」をもっているのが狸らしい姿ということになる。というのも、前述したように、たぬきとは常に「紛らわしいもの」なのだ(学名すら「アライグマに似ている」である)。だから、表現に際して発信者は、はっきりした特徴を付け加えないと、受け取り手にわかってもらえないんじゃないかと落ち着かない。夏毛のキツネに近いタヌキよりも冬毛のもふもふしたタヌキが、より「らしい」とされるのも、狸に巨大な金玉があるのも、焼物の狸が酒買い小僧（笠をかぶり、通帳と徳利を持って酒を買いに行く小僧の姿）なのも、いわば「紛らわしい」他の動物との差別化である。近年たぬきの尻尾がありえないはずの縞模様に描かれるのは、行き過ぎた差別化の結果だろう。こうした傾向が進むと、本来たぬきを表現するための特徴であったものが、むしろその特徴があるから、たぬきなのだ、という主客転倒が起こる。なんだかよくわからないものでも、たぬきを表す何らかの指標（隈取りや太い尻尾や大きなお腹など）がありさえすれば、もうたぬきと呼んで差し支えなくなってしまう。たぬき以外の動物をモチーフにして作られたキャラクター、例えば、前述したドラえもんや『ONE PIECE』（尾田栄一郎、集英社、一九九七年〜）に登場する変形するトナカイのチョッパーが、それぞれの作中で「たぬき」と言われる場面があるが、あれはどちらも本来のネコやトナカイといった動物にあまり似ておらず、ひょうたん型で腹鼓が打てそうな大きなお腹を持つという、たぬきを表す指標を備えているためではないか。

日本のたぬきの整理

ここまで述べてきたことをまとめてみよう。

一、実際の動物のタヌキというものは、そもそも非常にまぎらわしい多様な性質を備えたものであり、単純な一元化を拒むものである。

二、それゆえ、理解のためには、逆にわかりやすく他との違いを示す「指標」が必要とされる。

三、その指標こそが現在、巷間に囁かれる「たぬきらしさ」の正体であるが、それは本質的に、たぬきの単純化、戯画化（あるいは誤解）でしかありえない。

四、にもかかわらず、人は自分の知っている「たぬきらしさ」こそが、真のたぬきの姿だと思いがちである。

ということになるだろう。

二　韓国のたぬき

さて、タヌキは日本にだけ生息しているわけではない。筆者は今、韓国で暮らしているのだが、ここにも野生のタヌキがいる。

韓国のタヌキは、日本のニホンタヌキ（本州に住むホンドタヌキと北海道に住むエゾタヌキの総称）とは互いに亜種の関係にあり、コウライタヌキと呼ばれる（近年、両者を別種とするべきであるとする研究も出ているが、未だ定説となるにはいたっていないようだ）。学名は、*Nyctereutes procyonoides koreensis*。学会に登録したのは動植物学者の日本人、森為三氏である。

伝承の中のたぬき[9]

日本ではたぬきといえば、童話・民話によく出てくるお馴染みの動物である。もちろん韓国にも昔から伝わる伝承や童話があって、韓国人の誰もが知っているような有名な話もあるのだが、その中にたぬきが出てくる話は一つもない。また、たぬきが出てくる有名な童謡も一九九〇年代以前には韓国には存在しない。

韓国学中央研究院が韓国全土の口碑文学（説話、民謡、舞歌等）に関して大々的に行なった調査がある。一九八〇年代の一次調査に続き、二〇〇八〜二〇一八年に第二次調査が行なわれ、結果はネット上に『韓國口碑文學大系』として公開されている[10]。

この結果を分析した研究[11]によると、韓国の昔話や民話に出てくる動物の出現頻度は、多い順に、トラ、キツネ、クマ、イノシシ、ウシ、タヌキ、イタチ、ネコ、イヌ、ネズミとなるそうだ。タヌキは六番目で、順位が低い気はしないが、全五四四七話中、話のタイトルに「たぬき（너구리）」が入り、タヌキが話の中心的な役割を果たしているものはわずか四話（ア〜エ）、タイトルには出てこないが、脇役として現れるものは一一話（オ〜ソ）、人間がたぬきのふりをする話が一話（タ）と、全一六話で、全体の約〇・三％ほどにすぎない。以下、これら一六話のあらすじをたぬきの現れる部分を中心に簡単に紹介する（地名は調査当時のもの[12]）。

ア、たぬきを捕まえて得た墓地（ソウル市道峰区 水踰一洞）

墓地に最適の場所[13]を見つけ、亡くなった父を埋葬した三兄弟のもとに、死んだはずの父が現れ、墓の場所を変えてくれという。それは巣のあった場所に墓を作られ、棲家を追われたたぬきが化けたものだった。

イ、化けた白狐とたぬき（全羅南道 咸平郡 新光面）

男に化けた白狐に騙され、あやうく娘を嫁にさし出すところだったある家の窮地を、邊以中(15)がある男の言に従って救った。男は千年生きたたぬきが化けたもので、以前から悪い狐を懲らしめる機会を窺っていたのだった。

ウ、狐、ひきがえる、たぬきの背比べ（江原道 寧越郡 寧越邑）

背比べをしたが、皆、嘘を言い合って、結局ひきがえるが一番、背が高いことになってしまう。

エ、千年を経た古たぬきと監察(16)先生（慶尚南道 居昌郡 北上面）

人間に化けて山から都にやってきた千年生きたたぬきが、ある大臣に見込まれ、その家の婿養子になってしまう。都を見回るある監察がこれに気がつき、その化けの皮を剥ぐ。

オ、慶州の崔父子の話（慶尚北道 龜尾市）

（前半省略）慶州の崔氏の家を訪れた商人が、争いの末、急死してしまう。商人の子らに訴えられた崔氏の主人は殺人の罪であやうく死刑にされるところだったが、家で代々育てていた三本足のイヌが商人の子らを噛み殺すと、それはたぬきが化けた人たちだった。

カ、狐の新郎を捕らえた新婦（慶尚北道 龜尾市）

ある山の狐が、いつもたぬきを苦しめていた。たぬきは狐をそそのかし、都の金持ちの家の娘と結婚させようとするが、狐はその娘に正体を見破られ、飼い犬に噛み殺されてしまう。こうしてたぬきは狐から解放された。

キ、金剛山の主人（慶尙北道 盈德郡 達山面）

昔、数千歳になるたぬきの神が金剛山を、狐の神が太白山を治めていた。狐を恐れたたぬきは、狐をそそのかして、都の大臣の娘と結婚させようとした。狐は娘とその飼い犬に正体を見破られ、犬に噛み殺されてしまう。

ク、三角山から追い出された狐（全羅北道 井邑郡 永元面）

昔、ソウルの北にある三角山（北漢山）と開城の松嶽山にはそれぞれ千年生きた狐とたぬきがいた。狐は美しい青年に化け、都の大臣をうまく騙して、その娘と結婚しようとしたが、娘は男に漢詩で手紙を書き、その返事を漢詩に詠んでよこせという。（後半部なし）

ケ、武曲星(17)**の話**（慶尙南道 居昌郡 北上面）

昔、白頭山にどちらも千歳になる狐とたぬきがいた。狐は人間にあこがれ、天女の助言を受け、人間の若者に化けて都へ行き、そこで大臣に見込まれ、婿養子になる。しかし祝いの席に武曲星の化身である男が現れ、狐の正体を見破り、結局狐は退治されてしまう。（後略）

コ、異人カン・シラン（慶尙北道 星州郡 草田面）

ケとほぼ同じ話だが、狐を退治するのは、天下った文徳星(18)の化身カン・シランという人間。

サ、婦人のおかげで助かった栗谷（全羅北道 鎭安郡 富貴面）

ある日、栗谷(19)を一人の僧に化けたたぬきが訪ね、命を賭けて囲碁勝負を挑む。婦人の言いつけに従い、これを承諾した栗谷は勝負に勝ち、命をもらう代わりに秘法を記した秘伝書を手に入れる。栗谷は秘伝書の知識を世のために用い、大政治家、学者として成功した。

シ、龍になった青大将（忠清南道 唐津郡 石門面）

貧しさを苦に、死ぬつもりで山奥にやってきた男が、修行中の女（実は年を経た青大将）に助けられた。やがて里が恋しくなり、山を下りようとした男は、ある老人（実はたぬき）に女の正体を告げられ、山を下りたら二度と戻ってくるなと言われる。女が男を助けたのは龍になる修行の一つであり、たぬきは青大将の修行の邪魔をしていたのだった。

ス、おかしなメガネ（慶尙南道 晉陽郡 水谷面）

生活苦のため妻を捨てて逃げた男が、山でたぬきからメガネをもらう。それをかけて見つけたたぬきの母娘に婿入りすれば、金持ちになれると言われ、そのとおりにして金持ちになった男は、昔の妻が気になり、姿を見に行くと、元妻は豚に見えた。夫婦の相性は家の豊かさを左右し、メガネは相性を見ることのできるものだった。

セ、胆力のある男（江原道 平昌郡 龍坪面）

村長に共同墓地で一晩過ごして胆力を証明してみせろと言われた男が墓地の木に登って夜明けを待っていると、幼馴染などが何度もやってきて邪魔をする。男が持っていた鎌を振り下ろすと何かが落ちる音がして、人々は消えてしまい、翌朝、木の下に大きなたぬきが死んでいた。男が会った村長は祖先の使者で、たぬきが墓地の死体を掘って食べようとしていたのを、男を使って防いだのだった。

ソ、虎を追い払って山羊を救った兎（慶尚北道 善山郡）

虎に食われそうになった山羊は、もっと太るまで待ったほうがいいと言って難を逃れたが、食べられる日が近づくにつれ毎日泣いていた。兎は村からロバの毛皮を盗みたぬきに着せ、帽子をかぶり、たぬきに乗って、山羊が食べられる日に虎の前に現れ、「自分は玉皇上帝[20]で、お前を食べに来た」と告げる。虎は見たこともない姿の動物に驚き、遠くの山まで逃げてしまった。

タ、山の主を利用して金持ちになった青年（慶尚南道 蔚州郡 斗東面）

出稼ぎに行った青年が母の還暦祝いに故郷へ帰る山中で嵐に遭い、ある老人の家で雨宿りをした。老人は山の主の魔物であった。主からタバコの煙が苦手なことを聞きだした男は、自分はたぬきで、お金が苦手だと嘘を言う。帰郷した男は大量のタバコに火をつけ、村人を苦しめていた主を煙で山から追い出した。その後、空から「金でも喰らえ！」と主の声が響き、男の家に大量のお金が降り注いだ。男はその金で母親と幸せに暮らしたそうだ。

韓国のたぬきと日本の狸との比較

以上は、どれもローカルな伝承で、たとえば日本の「カチカチ山」や「分福茶釜」のような「全国区」の有名な話は一つもない。よってイメージの共有が広くなされているわけではないが、これらからも様々なことがわかる。

本稿の一八〇～一八一頁で、日本のたぬきの特徴一四点を挙げた。このうち、韓国のたぬきと共通のものは、②③④⑧のようだ。①は微妙で、事例中では唯一、ウが該当するようにも思えるが、総じて愛嬌のある姿は出てこない。また③④も、日本の狸がそれほど年を経ずとも、超自然的な力を行使できるのに比べ、韓国のたぬきは千年以上生きないと力が身につかないようだ。韓国のたぬきに愛嬌が希薄なのは年齢のせいだろうか。

愛嬌というのは、一種のかわいらしさを相手の中に見てとることで、かわいさを感じる感性には、無力さや小ささ、幼さを愛で、価値を見出すと同時に、相手を無力で無害なもの、劣った保護すべきものとする側面がある。日本人がたぬきに「かわいらしさ」を見出す態度は、一面では自然への畏れを中和し、自然の部分的な征服を意味するものだったのかもしれない（①⑨が共存し、かわいいと感じながらも、殺して食べているという点は注目すべきだろう）。日本人のたぬきのイメージには、対立し矛盾する態度が並在し、それがたぬき文化の多様性につながっているように思われる。

一方、韓国の事例中のたぬきは、千年を経て不可思議な力を得ており、知恵深いが、同時にずる賢くて、直接、自分の手を汚さずに他者を騙して目的を遂げようとする、畏れが強調されたものだといえよう。よく東洋的な価値観の特徴に権威主義や家父長制が挙げられるが、韓国の場合、事例は様々な点でこの性格を強く表しており、家制度や儒教あるいは道教的な価値観、風習（主役は年を経た力あるもの、婿入りで力を手に入れる、墓相、家相、夫婦の相性、天下った星の神等）が多く登場する点、かつては同じ儒教文化圏にあった日本の狸が比較的それらから自由なのに比べて特徴的である。以上から、⑤～⑦、⑨～⑭のイメージは、韓国には存在しない、日本的なイメージであるようだ。

なお、スは日本にも、たぬきではないが「おおかみの眉毛（あるいはまつげ）」というよく似た話があり、セは日本の徳島県にやはりよく似た話があり、タは「たのきゅう（田能久、田野久等）」「たぬきえもん」などのタイトルで日本の多くの地域に伝わり、落語の演目にもなっている。双方の関係は不明だが、何らかの形で影響があったのではないかと思われる。

現代韓国のたぬきとキャラクター

第一節で日本の描かれたたぬきを分類したが、韓国で描かれたたぬきの姿はどういうものだろう？　実は個々の作家が個別に自分の好きなように表現しているだけで数も少なく、広いイメージの共有はなされていないので、類型に分類できるだけのものはないのが実情のようだ。

その一方、韓国でも近年、動物愛護の機運が高まり、イヌやネコを伴侶動物として暮らす世帯は急激な増加傾向にあり、タヌキも徐々に保護や愛護の対象として認識されつつある。一八八頁で日本のタヌキは一部の人にとって自然破壊の代表的な被害者の立場を手に入れたと述べたが、実は韓国でも似たようなことが起きている。二〇〇〇年代に入り、首都ソウルでは居住環境の整備や自然保護の世論が高まり、ドキュメンタリーバラエティ番組「李敬揆のドキュメンタリー報告書」（韓国ＭＢＣ製作）で、二〇〇一年十一月から翌年の二月にかけて、ソウルをはじめとする韓国各地のタヌキの姿が都市の中の「保護すべき、取り戻すべき自然」を象徴するような形でマスコミに取り上げられたのだ。番組で紹介されたソウル市江南区良才川付近の野生のタヌキの認知度が高まり、話題になるにつれ、他の地域でもタヌキの目撃情報がネット上で話題になっていった。中でもソウルの北漢山国立公園の南に接し、現在は自然豊かな公園地区となっている旧王宮跡の慶徳宮、慶昌宮や王墓のある宗廟一帯などで、タヌキたちの姿が多数、報告された（現在、東京の皇居や皇室由来の公園、神社がタヌキの生息地となっているのとよく似ている）。ところが、韓国では、ほぼ同時期にソウル北東部の北朝鮮に近い地域で野生のタヌキがもたらした狂犬病により死者が発生した。餌付けされたタヌキはあまり人を怖がらず、むしろ餌を求めて人に寄ってくることがあるが、狂犬病にかかり興奮状態に陥った動物もまた、人を恐れずに向かってくることがある。両者を見た目で判別するのはほぼ不可能で、そうでなくても北朝鮮と陸続きの韓国では、北からの野生動物が媒介する狂犬病の被害に長年悩まされていた。そこで政府や自治体がマスコミを通して、人々に狂犬病の恐ろしさを訴え、かわいいからと野生のタヌキに安易に近づかないように呼びかけを行ったため、タヌキ人気は急速にしぼみ、「保護すべき自然」から「克服されるべき野生」の象徴へと逆戻りしてしまったのだ。また、旧王宮付近に出没していたタヌキも、ため糞[21]が文化財保護の妨げになるという理由から、進入路を絶たれ、現在ではほとんど見られなくなってしまった。

しかし、この間の出来事が、それまで影の薄かったタヌキの姿を韓国人の頭の片隅に植え付けたのは確かなようだ。というのもここ数年、特に翻訳された絵本やマンガ、アニメに出てくる「たぬき」がそこそこの人気を集めているのだ。ところがこれにも手放しで喜べない事情がある。というのも、韓国には日本語のアライグマに相当する固有の単語がなく、児童にわかりやすいようにという配慮からアメリカタヌキ（미국 너구리）などと呼ばれていたものが、ほぼそのまま定着してしまったためか、海外作品が韓国語に翻訳される際、本来タヌキではないアライグマまでがタヌキとされてしまうことが多々あるのだ。児童への教育的な配慮としては理解できるが、専門家やドキュメンタリー番組などでも両者の区別を曖昧にしていることがあるのには、正直違和感を感じる。最近はアライグマを表す英語の raccoon をそのまま用いたラクーン（라쿤）という呼び名も使われはじめているが、今のところあまり一般的ではないようだ。このタヌキとアライグマの混同は、特に児童向けの翻訳絵本において著しい。代表的な例を挙げてみよう。テレビアニメ『あらいぐまラスカル』（日本アニメーション製作、フジテレビ系で放送、一九七七年）の韓国語版タイトルは『子ダヌキラスカル（꼬마 너구리 라스칼）』、マンガ、テレビアニメの『ぼのぼの』（マンガ＝いがらしみきお、竹書房、一九八六年〜、アニメ＝グループ・タック製作、テレビ東京系で放送、一九九五〜一九九六年）に登場するアライグマくんは、ノブリ（너부리、タヌキの韓国語ノグリ〔너구리〕をもじった名前）、映画『ガーディアンズ・オブ・ギャラクシー』シリーズ（マーベル・スタジ

fig. 16-1　農心ノグリの現行デザイン

オ製作、二〇一四年～）のロケットラクーンも劇中字幕ではタヌキと呼ばれている。特にアライグマくんとロケットラクーンは、韓国でもそれなりに人気があるのだが、それは「たぬき」なのか？　と問われると、正直、自分としては違うとしか答えようがない。

fig. 16-2　ロッティ＆ローリーの現行デザイン（ロッテワールドパスケース）

　そうした中、(22)韓国二大たぬきキャラクターといえるものに、農心ノグリのキャラクター［fig. 16-1］とロッテワールド公式キャラクター・ロッティ＆ローリー［fig. 16-2］が存在するのだが、これもまたどちらも海外展開を見込んでか、尻尾がアライグマのように縞模様になっている。実は農心の創始者とロッテグループの創始者は実の兄弟であり、どちらも在日韓国人である。両者の経営する企業が早くからたぬきのキャラクターを用いているのは、ひょっとしたら、やはり日本のたぬき文化の影響なのかもしれない（何か情報を持っている方は、筆者へご一報いただけたらうれしい）。

　近年は韓国産のキャラクターにも魅力的なものが多数出てきており、今後は正確に韓国のタヌキをモデルにした、愛嬌のあるたぬきのキャラクターが出てくることを期待したい。

最後に

ここまで、たぬき（タヌキ、狸）について色々と述べてきた。

いずれにせよ、タヌキ自体は、環境によって住む場所や食べるものを変えることはあっても、基本的な習性は住む国が違っても、時代が変わっても、ほぼ昔と変わらない。人間の側が自身の都合でタヌキに様々なものを投影して、そのイメージを作り上げてきたのであり、イメージ変化の原因は主に人間の側にある。たぬきの変化は人間の変化によるものである。

ときに毛皮採取に利用され、人に慣れないと愚かだと蔑まれ、姿が滑稽だと笑われ侮られながらも、その素朴な野性味を愛されてきた、たぬき。

あるがままのたぬきの姿が人々に受け入れられ、愛されながら、人と共存できるようになることを願ってやまない。

注

（1）先人たちの論考に敬意を払い、本稿では実在する動物のたぬきは「タヌキ」、それに様々な属性（化ける、腹鼓を打つ、金玉が大きい、目の縁の模様がつながっている、などなど）が付加されて言い伝えや童話の中で活躍するたぬきを「狸」、両方を合わせて呼ぶ場合は「たぬき」と表記する。

（2）『毛皮用動物全講』衣川義雄著、成美堂書店、一九三六年、一二頁、『改訂増補版最新養狸法研究』仙臺養狸組合編著、一九三九年、二七〜二八頁等。

（3）『わが家のへんなタヌキの七代記』（山本幸子、文芸社、二〇〇七年）と『タヌキの丘』（小川智彦、フレーベル館、一九九八年）中の山本幸子氏のコラム。

（4）『子ダヌキのいたずら日記』（池田啓（日本たぬき学会初代会長）、ポプラ社、一九八八年）、『タヌキはぼくのたからもの』（池田啓、ポプラ社、一九九四年）、ムツゴロウこと畑正憲氏の諸著作、『生きるんだポンちゃん』（中村志、旺文社、一九八〇年）、『仔狸愛情物語』（中村志、晩聲社、一九八〇年）、『タヌキのおんがえし』（竹田津実、国土社、一九九二年）、『子ダヌキポンタ物語』（藤阪宏子文、斎藤きよみ 絵、新風社、二〇〇六年）、『たぬきのひとり』（竹田津実、新潮社、二〇〇七年）、『狸と五線譜――ポンポコライフ雑記帖』（たくきよしみつ、三交社、一九九五年）、『たぬきのつぶやき』（たかだゆうこ 文、あおしまいずみ 絵、冬花社、二〇一二年）、『すくすく育て！　子ダヌキ ポンタ』（佐和みずえ、学研プラス、二〇一七年）、『狸の来た日々』（松岡節、22世紀アート、二〇〇八年。二〇二一年電子書籍版）、『たぬき』（いせひでこ、平凡社、二〇二二）等。

（5）『民俗学辞典』（柳田國男監修、東京堂出版、一九五一年）。

（6）タヌキやアナグマは古くは、「貉（むじな、あるいは、うじなとも）」と呼ばれ、「たぬき」という呼称は後代になって使われるようになったものらしい。たぬきが定着して以降は両者が併用されたが、地方によってタヌキとアナグマの両方に使われた。しかし近代以降は両者の生物学的な区別が明確になり、一般的にタヌキはたぬき、アナグマはあなぐま（あるいはむじな）と呼ばれるようになった。

（7）中国、晋代の道教の士、葛洪《かっこう》が道教、儒教の立場からの理論や修行法、政治・社会について書いた本。三一七年ごろ成立。年を経た禽獣は様々に変化するものだと書かれている。

（8）中国、東晋代（三一七〜四二〇年）の干宝《かんぼう》が著した怪異小説集。成立年代不明。

（9）本稿では、伝承中のたぬきは「狸」と表記してきたが、韓国では中国と同じように、漢字の「狸」はネコ類の動物を表すことが多く、混同を避けるため、伝承中の狸も「たぬき」と表記することにする。これは韓国語の「너구리」を指す。

（10）収録数は民謡八一〇一、近現代口伝民謡七二二、説話五四四七、現代口伝説話三五三、舞歌一六九、その他一四五（https://gubi.aks.ac.kr/web/）。

（11）이지영，2006，地神 및 水神系 神聖動物 이야기의 존재 양상과 그 신성성의 변모에 관한 연구 연차보고서（イ・ジョン、二〇〇六、地神及び水神系神聖動物譚の存在様相とその神聖性の変貌に関する研究 年次報告書）。

（12）原題は以下のとおり。

ア　너구리 때려잡고 쓴 묘자리
イ　둔갑한 백여우와 너구리
ウ　여우、두꺼비、너구리의 키 자랑
エ　천 년 묵은 너구리와 감찰 선생
オ　경주 최부자네 이야기
カ　여우 신랑 잡은 색씨
キ　금강산 주인
ク　삼각산에서 쫓겨난 여우

ケ　무곡성 이야기

コ　이인 강사랑

サ　부인 덕에 살아난 율곡

シ　용이 된 구렁이

ス　이상한 안경

セ　장력 큰 사내

ソ　호랑이를 쫒고 염소 살린 토끼

タ　지킴을 이용해 부자가 된 총각

(13) 朝鮮は、ほぼ中国の儒教をそのまま国の体制として取り入れ、自分の親や先祖を日当たりや水はけのよい場所に土葬することが、家を守り、子孫の繁栄を保障すると考えた。特に父親の埋葬場所選びには心を砕いたという。

(14) 以下、動物は「キツネ」とカタカナ表記、伝承などに現れるものは「狐」と漢字表記する。他の動物も同様。

(15) 邊以中《ピョン・ウィジュン》（一五四六〜一六一一年）朝鮮時代一四代王宣祖の時代の功臣。文禄・慶長の役のとき、一五九三年の全羅道の幸州山城における攻防戦の勝利に大きな役割を果たした。

(16) 朝鮮時代、官吏たちの不正を取り締まる役目を担った官職。

(17) 北斗七星の一つで、おおぐま座ζ（ジータ）星のこと。道教では北斗七星に輔星、弼星とをあわせた九星に世の動きを司る神がおり、武曲星は財を司るとされた。

(18) 不明。星の一つと思われる。

(19) 朝鮮時代中期の高名な儒学者、政治家の李珥《イ・イ》（一五三六〜一五八四年）の号。

(20) 天上であらゆる生物の運命を司る神。

(21) タヌキは、共同トイレのように複数の個体が行動圏内の同一の場所に糞をする習性をもっており、「ため糞」と呼ばれる。慶徳宮、慶昌宮のタヌキは、ユネスコ世界文化遺産に指定された建築物の軒下に住み、その中にため糞をしていた。

(22) 日本のうどんをイメージしたのか、通常のインスタントラーメンより太麺で、発売当初は「ノグリうどん」と命名されていたが、うどんほど太くはなく、後に「うどん」の字は削除され、ただの「ノグリ」になった。

Column 04

たぬきワールドがぐっと広がる
おすすめブックリスト

たぬき／タヌキ／狸の生態や文化、歴史をもっと深く知るための本は数多くありますが、
ここでは、その中から三冊に厳選して紹介します。
なかには現在では新刊書店で入手困難な本もありますが、
古書店やウェブ書店などで、ぜひ探して手にとってみてください。

1

『狸とその世界』……中村禎里、朝日新聞社、一九九〇年

生物学、生物史学者でもあり、歴史民俗学分野にも多数の著書を残した筆者が、日本人と狸の歴史について掘り下げた狸の教科書的一冊。昔話・民話に出てくる動物の中で狸が持つ特異性の分析、「たぬき」という言葉の歴史的解説の他、藤原銕造の酒買い小僧狸の由来についても詳しく述べられている。

2

『ようこそたぬき御殿へ』……滋賀県立陶芸の森編集・発行、二〇〇七年

二〇〇七年に滋賀県立陶芸の森で開催された狸をテーマにした企画展の図録。貴重な古信

楽焼の写真はもちろん、書籍、絵画に記された狸に加え、狸をモチーフにした最新のアート作品も掲載されている。桃山時代から現代までの狸表現が網羅されているだけでなく、狸の歴史についての解説や作品・作家略歴や全国の狸スポット紹介等、資料も充実している。

3

『タヌキ学入門』……高槻成紀、誠文堂新光社、二〇一六年

哺乳類学者、生態学者である筆者が、動物としてのタヌキの生態をわかりやすくまとめた一冊。日本人が持つタヌキのイメージ（化かす、タヌキおやじ）が動物タヌキのどのような習性からもたらされているのかを掘り下げているのが興味深い。タヌキの「ため糞」を調査することでタヌキがどのように植物の種子を運んでいるかを明らかにしたり、東日本大震災という大災害がタヌキに与えた影響も記されていて、タヌキ学入門というタイトルながら、最新のタヌキ研究書にもなっている。

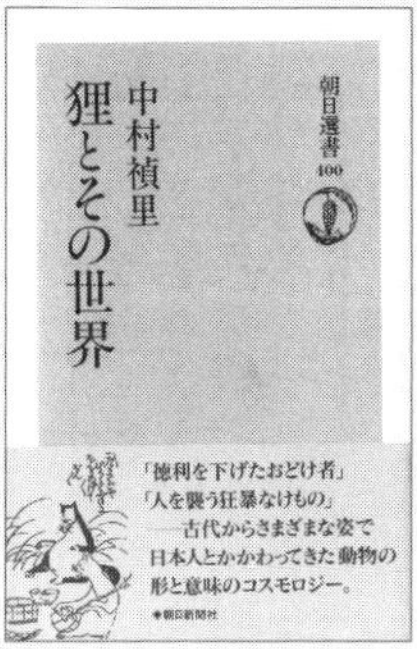

1

2

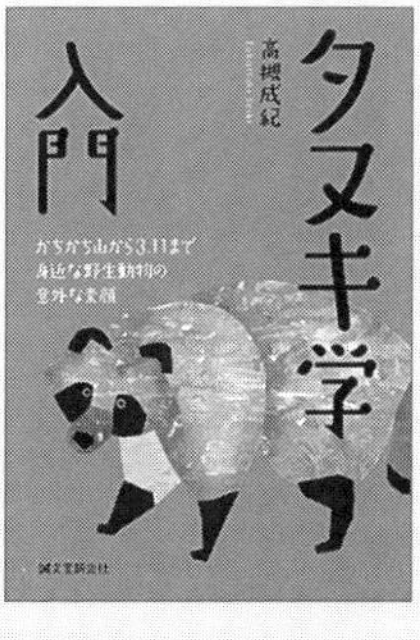

3

「日本たぬき学会」新旧会長対談

狸文化を深めるために

大平正道（前・日本たぬき学会会長）

村田哲郎（現・日本たぬき学会会長）

います。

村田 今日は、私たちが所属する「日本たぬき学会」についてお訊きしたいと思います。

この学会の会長を一五年の長きにわたって務められた大平正道さんが二〇二〇年度に会長を退任され、私が次期会長の大任を任されることになりました。そこで「日本たぬき学会」の歴史を振り返り、大平さんが提唱されている「狸文化論」について詳しく解説していただきたいと思います。まず、「日本たぬき学会」とはどのような集まりなのか、改めて教えていただけますか。

大平 「日本たぬき学会」の会員募集要項には、こう書かれています。「けものへんに里と書く『狸』は昔から獣の中でも人との関わりを多く持ち、『他を抜く』『福徳を成す』など、人の精神文化に多くの影響を与えてきた。モノの価値観が激変する中においても、今も万人に愛される、暮らしの中で生き続ける信楽狸。人々を魅了する狸は私たちに一体何を語りかけようとしているのでしょう。私たちは新しい世紀を豊かにするために、狸文化について全国に呼びかけ、調査および情報資料収集、保存に手掛け、狸論の研究と発信を目指します」。会員資格は一行だけで、「狸を愛し、狸心を大切にする人であれば誰でも」。これが唯一の会員資格です。

村田 非常に狸らしいおおらかな会則ですよね。そんな「日本たぬき学会」以外にも、「狸」の名を冠した学会があったと聞いています。

大平　実は、私が二〇〇一年四月一日のエイプリルフールに発足させた「しがらき狸学会」というものがあり、発足時には全国から八十余名の会員が集まりました。もともと信楽在住のメンバーを中心とした「たぬきサロン」という研究会をやっていて、毎月喫茶店に集まり、信楽狸はどのようにして生まれたのか、作られた年代はいつか、なぜこんな顔をしているのか、将来、狸をいつまで作り続けるのか、などなど狸にまつわる話をしていたんです。そんな中、滋賀県が「ムーブメント滋賀」という、各地のＮＰＯを活性化させるための事業を始めました。私はその役員もやっていたので、われわれ「たぬきサロン」も申請しようという話になり、県から一〇〇万円の支援を受けることができました。「県が出すんだから、当然、信楽町も狸にお金を出しますよね」と信楽町長に掛け合ったところ、信楽町からも一〇〇万円出してもらえて、合計二〇〇万円の支援を得ることができました。この資金を使って、狸の本『三吉ダヌキの八面相』や、古い信楽狸の特徴をまとめた『やきものたぬきのルーツ図録』を刊行したり、学会設立記念フォーラムを開催したりすることができました。

お金ももらったし、しっかり勉強しないといかんという意味も込めて、会の名称を「しがらき狸学会」にしようという話になったのですが、実はこの時「日本たぬき学会」という団体がすでにあることがわかりました。それで、同じ「たぬき」で学会を名乗っていいものかどうか、「日本たぬき学会」の会長にお伺いを立てることにしました。

「日本たぬき学会」の会長は当時、兵庫県立大学の教授で、兵庫県立コウノトリの郷公園の研究部長を務めていた池田啓《いけだひろし》先生でした。そこで豊岡に出向き、「狸学会」という名前を使わせてもらっていいか聞いたところ、「タヌキはみんな仲良く円になって腹鼓を叩くもんだ。なんの問題もない！」と快諾をいただきました。ものすごくいい先生でした。「しがらき狸学会」発足時には池田先生に基調講演をしていただきました。

「日本たぬき学会」は一九九八年に、明石海峡大橋開通を祝した神戸鳴門全通記念事業イベントとして、「第一回日本たぬき学会フェスティバル」を徳島県の「阿波の里」で開催し、翌年以降は小松島市を中心に活動されていました。小松島は映画会社「大映」の社長が生まれた所です。大映が狸の映画を作ると景気が良くなるという縁起をかつぎ、小松島の狸関連事業にかなり出資をしていました。ハレルヤ製菓という大きなお菓子会社の社長もスポンサーになって色々支援されていたそうです。

村田　もともと別の学会だった「しがらき狸学会」と「日本たぬき学会」は、のちに合併することになります。合併した経緯について伺えますか。

大平　二〇〇一年に発足した「しがらき狸学会」は、二〇〇九年十一月八日に「日本たぬき学会」と合併しました。実は「日本たぬき学会」の六割ぐらいの人は、すでに「しがらき狸学会」にも入会していました。当時、小松島の「日本たぬき学会」はほとんど活動ができていなかったので、毎月定例会をやっていた「しがらき狸学会」にみんな入ってきていたんです。そんな状況の中、池田先生が癌で体調を崩され、学会を合併させて会長を引き受けてもらえないかと打診がありました。そのような、半ば遺言のような経緯で合併して、事務局もすべて信楽に移すことになりました。合併によって会員が一三〇人ぐらいになって、その人数は現在もほぼ変わっていません。高齢の方が多いので毎年亡くなる方がいますが、同じぐらいの数の方が新規入会してくれています。

村田　学会の活動としては、どのようなことをしているのでしょうか。

大平　年に一度、全国各地の狸にゆかりのある場所で総会を開催しています。昔は、狸と焼き物、狸と民話、狸と生態、狸とまちづくり、という四つの部会に分かれ、毎月定例会もやっていました。明石大橋が開通した当時は、小松島市が狸で町おこしを行なう事業に力を入れていて、巨大な金長狸像を公園につくるなどしていました。市長が定例会に来たこともあり、狸とまちづくりというのも一つの部会として成立していたのです。

松山では「いよ狸サロン」というのをずっと継続していて、現在、九名の方が集まって毎月欠かさずサロンを開いています。二十周年記念として冊子も作りました。各地の支部会で様々な活動が行なわれていて、年一度の総会で報告されています。

村田　会員にはどんな方がいらっしゃいますか。

大平　キネマミュージアムの館長で、狸映画のポスターばかり集めている方や、まちかど博物館として自宅を開放して、狸コレクションを公開している方もいます。「日本たぬき学会」主催で、コレクターばかりを集めた「コレクター会議」というイベントを開催したこともあります。一番のコレクターは二万体ぐらい狸像を集めた方でした。この方は狸だけでなく、「箸袋友の会」というのにも参加していて、集めた箸袋の交換会をしていました。箸袋はお店ごとにデザインが違うので、コレクター心をくすぐるアイテムなんだそうです。

あと、ゴルフ場のピンも集めていて、日本全国のゴルフ場をコンプリートしていました。海外に進出してヨーロッパのゴルフ場を回っている途中で亡くなられましたが、ものすごいコレクターでしたね。一度、「日本たぬき学会」の総会でコレクションの仕方を講演してもらった際、コレクションを増やす唯一のコツとして伝授してもらったのが、「人から『これ要りますか？』と聞かれたら絶対に断らない」ということでした。同じものをすでに持っていたとしても、もらえるものを決して断ってはならない。一度断ったら二度とその人からはもらえなくなるからだ、ということだそうです。

あとは学術的なコレクターということでいうと、経営コンサルタントとして全国の旅館を回る仕事のかたわら、行く先々で旅館の仲居さんやバスガイドさんから、狸にまつわる話を聞き取ってまとめた方もいました。聞き取った七九〇の狸話がすべて手書きで書かれていて、マップ化もされています。まさにものすごい資料なので、いつか書籍化したいと思っています（二〇二一年に『狸の民話集』として電子書籍で出版されました）。

動物としてのタヌキを研究されている方は少ないですが、タヌキを保護して飼った経験があるという方はいらっしゃいました。キャンピングカーにタヌキを乗せて信楽に来る方とか、タヌキのために裏山を購入した方とか、やはり狸愛に溢れていましたね。

村田　学会をやって良かったこと、逆に苦労されたことはどんなところでしょうか。

大平　やっていて良かったことは、総会のたびに、全国色々な所に出かけていけるということが一つです。松山、徳島、西条、新居浜、洲本、大阪、もちろん信楽、中津川、横浜、館林など、全国持ち回りで開催させていただきました。あとは、狸好きな人は分け隔てなく、好きなことを話し合えるという共通点がありますので、人の繋がりをつくれたのが一番です。まさに狸の縁といえるでしょう。

大変だったことは、生態部会でタヌキの「ため糞」を探しに、実際に山に行ったことでした。タヌキは決まった所に糞をすることで、個体同士のコミュニケーションを図るんです。一日中、山の中を歩き回りましたが、結局ため糞は見つかりませんでした。あとは全国から信楽の観光協会などに狸に関する質問が来ると、全部私のところに電話がかかってくることや、新聞、テレビ、ラジオの取材など、大変といえば大変でしたね。疥癬《かいせん》（皮膚の病気）のタヌキがいるとか、道でタヌキが死んでいるといった電話がかかってきたこともあります。一方で、面白い話も聞けますけど。

狸研究のきっかけ――信楽狸は媚びているのか

村田　そもそも、大平さんが狸を研究しようと思ったきっかけはなんだったんですか。

大平　二十二年前、読売新聞の依頼で、滋賀県に関するコラムを書かせてもらう機会がありました。最初は近江商人の話を書こうと思っていて、パソコンに向かったところで、大学時代の同級生から電話がかかってきました。新聞のコラムを書くのに何を書こうか迷っているという話をしたら、彼は「信楽やったら狸やろ」と言ったんです。私は「いやいや、狸の話を書いてもなんにも面白くない」と答えました。陶器会社をしていた母親の実家にはたくさん狸が並んでいて、街の中でもいつも狸に囲まれていたので、狸はあって当たり前の存在でした。子どもの頃は並んでいる狸に石をぶつけて遊んでいたぐらいだったので、狸が面白いという感覚がまったくなかったのです。一方その友だちは、世界中を旅して回るような人で、彼は「あんなに町中に狸が置いてある所は世界中どこにもない。外国だったら盗まれないようにどこかにしまうのが普通なのに、外に置いていても誰も持っていかないなんて、こんな不思議な町はない」と言うわけです。そう言われてみると、たしかに外国の方が信楽に来た時には、この狸は夜になったらどこにしまうんですか、とよく聞かれます。

それで狸について書いてみようと思ったのですが、生まれて五十年、狸に関してなんの関心もなかったので、まったく書けませんでした。そこで、信楽の学芸員、作家、資料を持っている方など、色々な方に話を聞きに行きました。

書き上がったコラムは、「媚びていないか信楽狸」というタイトルで掲載されました。現在の信楽狸はスタイルが二頭身半ぐらいで、上目遣いでニコッと笑っていますが、初代狸庵の藤原銕造さんがはじめに作った狸は七頭身半で、牙があって睨みつけるような凛とした狸だったのです。私は媚びている狸よりも、古い狸のほうが好きだ、という内容でした。それが「たぬきサロン」を始めるきっかけにもなりました。

村田 現在は「日本たぬき学会」として大所帯になりましたが、最初に「たぬきサロン」をされていた時、メンバーは何人ぐらいで、どのような活動をされていたのでしょうか。

大平 その時は一〇人ぐらいで、ただ喫茶店にコーヒーを飲みに来ている人がほとんどでした。なかには無理を言って呼んできた人もいました。でもこの時、狸作家の職人の話を直接聞けたのは面白かったですね。

信楽狸の歴史を調べたところ、初代狸庵こと藤原銕造さんが原型を作ったことを知り、銕造さんが開いた窯元「狸庵」を訪ねました。何度も狸庵に通ううちに、銕造さんの娘、弥衛子さんが書かれた『たぬき』という貴重な伝記を読ませてもらうこともできました。その本には銕造さんが狸を作り始めた経緯なんかが詳しく書かれていて、ますます興味が出てきました。石田豪澄和尚との八相縁起誕生のエピソードを直に聞くこともできました。

信楽の狸業界はずっと、売れるものしか作ってきませんでした。例えば、アベックという言葉が流行ったらメス狸を作る。アベックとしてオスとメスをセットにしたら二体売れるから儲かるといった具合です。とにかく売れるものを作るというのが鉄則で、ゴルフが流行ったら、ゴルフコンペの景品として使えるように、ゴルフクラブを持った狸を作るなど、ありとあらゆる時代を反映した売れる狸ばかりを作ってきました。その結果、初代の凛とした狸よりも、アニメキャラのような丸々とした狸ばかりになったというわけです。

村田　すぐに狸庵を訪ねていけるところが、さすが信楽という感じですね。メスの狸を作るというのは鋳造さんのアイデアで始めたんですか。

大平　鋳造さんというよりも、愛知の狸寺の石田豪澄和尚をはじめ、鋳造さんのところに集まっていたお客さんのアイデアだったと思います。石田和尚は画匠でもあり、お寺の襖絵も描いていました。頼まれて京都に絵を描きによく来ていたらしいんですが、京都から芸者を二人ぐらい連れてタクシーで信楽の鋳造さんのところまで来ていたんです。そんな感じで鋳造さんのところには面白い人が集まってきて、色々アイデアを出し、現代的な狸が作られていきました。

石田和尚は名古屋の中部放送で「狸百話」というのを一〇〇日にわたって放送していました。その中で、顔は愛想よく、目は遠くを見なさいとか、狸と仏教をからめた説教をしていて、それをまとめたのが「八相縁起」です。もとになったのは狸六相とか七相とかあるんですが、狸六相は俳人の高浜虚子が提唱していました。石田和尚は狸だから「八」にしたほうがいい、末広がりで縁起もいいしということで、二相を加えて八相縁起にしたんだそうです。名古屋の方なので尾張徳川家の合印である丸八も頭にあったのかもしれません。鋳造さんの家の衝立に、筆で八相縁起を記したものが今でも狸庵に残っています。とにかくそんな遊び心があって、縁起物として売ったほうが売れるんじゃないか、と鋳造さんに勧めたのが信楽狸をヒットさせる一つのきっかけでした。

村田　鋳造さん以外の初期の狸作家にはどんな方がいらっしゃいましたか。

大平　鋳造さんの兄弟も作り始めたそうです。その後、大量生産の時代になると、型で作るようになって、多くの窯元でも作られました。現在では陶仙民芸や奥田丸隆製陶などが作っていますが、狸専門で製造しているのは三軒ぐらいで、あとは他の製品との兼業で作っています。いま大量生産している窯元は、もともとは干支をモチーフにして置物を作っている会社でしたが、干支は毎年作り替えないといけないので、その型を作る型師がついでに狸を作ったことがきっかけです。残念ながら、今は廃業してしまったところもたくさんありますね。バブル最盛期は狸が売れすぎて、普通に色をつけて焼いていたら追いつかないということで、コールタールを塗って窯で焼く「からかね焼き」という方法をとっていました。いま街で見かける、塗装が落ちている狸はほとんどからかね焼きです。普通の信楽焼は色が抜けることはないです。

　また、中国で作られた狸は、外に置いておくと表面に水が入り、冷えて凍るとひび割れしますが、信楽で作ったものはずっと外に置いていてもハゲることはありません。信楽では一二〇〇度ぐらいの高温で焼くので、確実にコーティングされて水が入る隙間ができないんです。

「日本たぬき学会」から見えた狸文化論とは

村田　大平さんは「日本たぬき学会」（以下、たぬき学会）で「狸文化論」の講演をされたり、滋賀県立大学やレイカディア大学で、地域文化としての信楽狸に関する授業を持たれたりしています。大平さんの提唱する狸文化論について教えていただけますか。

大平　文化とは何か、という話からすると、司馬遼太郎の言葉で「自分の身の回り二センチぐらいのところにまとわりついている空気」「繭にくるまっているようなもの」という表現があります。暖かくも寒くもなく、普段は何も感じないが、風が吹いた時に初めて認識する。これは繭みたいなもので、繭の中にいる間は安心して暮らせるが、外に出た時、初めて周りの文化と自分の文化が違うということがわかる。例えば外国に行って帰ってきたら、空気が違うとか、匂いが違うとか、人の歩き方が違うとか、そういうことに気がつくようになる。それが地域の文化であって、文化に包まれていると、人間は安心して暮らせるのです。それに対して文明とは、例えば機械文明とか自動車文明とかを考えると、人間にとって便利なものが世界中に広がっていくということです。文化は人間の内側に入っているもので、文明は広がっていくものなのです。だから自分のアイデンティティを考えるには、まず身の回りの文化について考えることが大切です。

村田　信楽では狸が文化として根付いているということでしょうか。狸を外に置いていても誰も盗まないというお話もありましたが。

大平　私自身もそうでしたが、信楽では狸が身の回りにありすぎて、誰も文化として認識していません。信楽狸は粘土の塊なので、一つの物体としては値段が安いんです。お茶碗とか壺とかと違って高級品ではない。つまり、たくさん作っていて仕入れ値も安いから、売っている人もあまり狸に価値を置いておらず、なくなっても気にしないんです。また、大きな狸は重すぎて、クレーンがないと動かせない。だからわざわざ片付ける必要もありません。

信楽焼全体に占める狸の割合は二〜三％ぐらいですが、生産量はほぼ一定です。景気が良くなるとほかのものが増えるので、狸の割合が減る。逆に景気が悪くなるとほかが減るので、狸の割合が増える。小さな狸も含めると年間一〇万体ぐらいが生産されています。以前、信楽の街中に狸が何体いるかを数えたことがありますが、だいたい一〇万体でした。それだけ在庫があるということです。

たぬき学会の会員の中にも窯元の社長がいて、いつも総会の会場に飾るために狸を寄贈してもらっています。群馬の茂林寺で開催した時には、狸が持っている通帳のところに「茂林寺」と書いてくれました。ＮＰＯで災害復興ボランティアをしている方たちが被災地に狸を持っていきたいと言った時にも、快く寄贈してくださいました。狸は水の守り神なので、水害の被災地に持っていきたいということだったそうです。信楽では愛宕山に火の神様として祭られていますので、狸はなんの守り神なのか、そこは諸説ありますが。

村田　そうすると、信楽の人は狸でお金儲けしようとあまり考えていないということでしょうか。

大平　狸を専門で作っているところ以外はそうでしょうね。店の前に客寄せのために大きな狸を置いて、店の中に伝統工芸士の作品や高級品を置くというのがよくあるパターンです。以前、信楽陶芸の森で「ようこそ狸御殿へ」という狸ばかり集めた企画展がありました。その企画展を担当した学芸員の方は、十年間ずっとその企画を提案しつづけていたのに、伝統工芸である信楽焼の美術館で狸の展覧会をするなんてもってのほかだ、という理由で毎回却下されていたそうです。だたぬき学会で古い狸を集めて展示をしたり、テレビ局から取材が来たりして、だんだん信楽狸が注目されるようになってきて、ようやく企画は実現しました。結果的には「大当たり狸御殿」でした。

村田　信楽でも狸がそんな扱いだったというのは驚きです。ほかに狸文化ということで、どんなことがありますか。

大平　日本各地に伝わる狸話は本当に数え切れないぐらいあります。「京都料理屋の縁起物、今は主人にいたずらも。」というタイトルで、たぬき学会会員の話が新聞に掲載されたこともあります。その内容はこうです。ある人が京都の料理屋、八丁さんの女将から狸の置物を譲り受けました。徳利の杯に毎日お酒を供えていたら、お客さんが途切れることがなかったと聞いて、縁起物として大切にしてきました。譲り受けてから三年後、現金七万円ほどが入った財布がなくなりました。探し回ったものの見つからず、諦めて家に帰ると、玄関の狸の頭の上に財布がのっていて、お金もそのままでした。不思議に思い、家族に話をすると、その日に限って母親が汚れていた杯を洗い、酒ではなく水を入れていたんだそうです。怒った狸が財布を隠したと思い、その日以来、毎日欠かさずお酒を供えるようになった――。こんな話がたくさんあります。

酒買い狸のわらべ歌「雨がしょぼしょぼ降る晩に、豆狸が徳利持って酒買いに」の原型が大阪の道修町《どしょうまち》という所に伝わっています。「雨がしょぼしょぼ降る晩に、豆狸が徳利持って酒買いに」というところまでは一緒なのですが、それに続く部分が「狐が皿持って塩買いに」とか「木の葉でお金を支払った」とか、地域によって変わります。師範学校の先生方がやっている会があって、そこでその話をしたら、子どもの頃に大阪道修町で育ったので覚えているとおっしゃって、また違う歌詞の歌を歌い出した、ということがありました。

狸に関してはこんな話がまだまだたくさんあります。たぬき学会の会長をやっていると、狸で町おこしをしている地域や、新聞社などに講演に伺うことがあります。そうするとまたその地域の狸話を聞くことができるわけです。

狸は仏教、特に真言宗とつながりが深いんです。真言宗は弘法大師が広げましたが、狸イコール弘法大師という信仰があります。そうすると、四国八十八カ所のお寺は弘法大師が作ったので、すべて狸寺です。四国になぜ狸が多いかというと、島の中に狐が住んでいないからです。狐が住んでいないのは四国と佐渡島だけ。これにはいろいろないわれがありますが、四国についていうと、平家が狸、源氏が狐という見方があります。源平の合戦の時に、平家が四国に追われていって住み着いたんだそうです。一方、佐渡島のほうは、金貸しの団三郎狸が原因とされています。新潟から団三郎と狐が一緒に船に乗って佐渡に渡る時、化け比べをしました。団三郎は木の下駄に化け、狐は金の下駄に化けた。嵐にあって金の下駄はすべて沈んでしまったから、佐渡には狸しか渡れなかった、なんて話があります。

あと、「狐の嫁入り」は晴れている時に雨が降ることですが、「狸の嫁入り」は晴れている時に雪が降ることを言います。それだけ珍しいということなんだと思います。

海外の話ですが、ヨーロッパでタヌキがアライグマの生態系を乱すことが問題になっているそうで、ドイツのテレビ局が信楽に取材に来たことがありました。日本は日露戦争の頃に、毛皮を採取する目的でタヌキの養殖を行なっていて、それが五十年以上かけてアルプスを越えてヨーロッパに入ったので、在来種であるアライグマを圧倒するぐらい強くなっているらしいです。それでタヌキのルーツを知るために日本に来たんですが、信楽に来てみたら、町中に狸が置いてあるのでびっくりして、動物としてのタヌキの取材ではなくて、狸文化をずっと取材して帰っていきました。

時代とともに変わる狸の生き方とは

村田　たぬき学会の活動を通して、日本人の狸文化が見えてきたということですね。では、大平さんが思う狸の魅力はなんでしょうか。

大平　仏教用語で、右でもなく左でもない、黒でも白でもない、「中道」という考え方があります。狸の生き方と自分の生き方はこの「中道」に似ていると思っています。中道というのは日本人の心でもあります。例えば、ことわざ一つとってみても、「二度あることは三度ある」と「三度目の正直」など、対となる両方の言い方がありますよね。狸は、けものへんに里と書きますが、狸は野生の動物でもなければペットでもない。街と山の中間の「里」に住む動物なんです。真面目に化けているつもりで尻尾を出している。そんなところが好きなんです。狸についで学べば学ぶほど、たぬき学会の会員資格にもある「狸心」がわかってくるんですが、それは中道なんです。ですので狸に生き方を学ばせてもらったといえるかもしれません。狸心を学ばせてもらったので、あまり小さなことにはこだわらないようになりました。

村田　ずっと「日本たぬき学会」の会長として狸と関わってこられて、時代とともに変わってきた部分はありますか。

大平　狸は時代を映す鏡である。これに尽きますね。そのつど、時代に合わせて変わっていくので、焼き物の狸も変わるし、コレクターも変わります。前は大きな狸のコレクターがいたのですが、住宅事情で小さな狸ばかり集めるようになったとか。狸の愛好者も千差万別で、時代に合わせて変わってきています。狸踊りを踊ったり、狸の歌を歌う人がいたり……。私は皆さんそれぞれが好きなようにやっていったらいいと思っています。いまは会員になられた日本舞踊の師匠がいますが、ある年の総会前に突然電話をかけてきて、ぜひ狸の踊りを踊りたいと言われたことがあります。学会としては高額な出演料は払えないと返答したのですが、「そんなのは木の葉二枚でいいです」と言って、飛んできてくれました。それ以来、毎年総会で狸踊りを披露してくださり、昨年は分福茶釜の茂林寺でついに一〇〇回目の狸踊りを満願できたということもありました。

残念なのは、昭和三十年頃から街灯が多く立ち、村や町が明るくなるとともに、「狸に化かされた」という昔話や伝説がなくなってしまったことです。人の都合の悪いことを「狸に化かされた」で済ましてしまうおおらかさが失われつつあるということです。

村田　最後に、今後の「日本たぬき学会」に期待することを教えてください。

大平　あまり肩肘を張らずにやっていけばいいと思います。狸だからということで、かなりのことが許されます。

個人的にやりたいこととしては、高齢の会員の方が亡くなられて、貴重なコレクションをたくさん寄贈していただいたり、引き取ったりしているので、資料として整理して、なんらかの形で出版できたらいいなと思っています。

村田　本日は大変貴重なお話をありがとうございました。

（二〇二〇年七月四日、Zoom による対談）

大平正道（おおひら・まさみち）
一九四九年生まれ、信楽に在住。大阪芸術大学デザイン学科卒業後、インテリアコーディネーターとして家具店経営。そのかたわら、大学非常勤講師や信楽公民館館長、しがらき狸学会会長、日本たぬき学会会長などを歴任。二〇〇三年度には内閣府生活達人に認定される。

あとがき

たぬきについて思いを巡らせると、その正体は果たして動物なのか、置物なのか、物語に出てくるキャラクターなのか、いつもあいまいになってしまう。むしろそれらが渾然一体となって分離できないところがたぬきの面白さなのだ。とはいっても、それらを網羅した書籍を探そうとしてもなかなか見つからない。

たぬきの本を出版することを提案されたとき、私が真っ先に思ったのは、様々な角度からたぬきを考察する本にしたいということだった。ただ、私個人ではそのような広がりを持った本を書くことはできないので、各ジャンルで多彩な経験を持つ方々にそれぞれ執筆していただくことにした。これができるのが、たぬき好きの良いところで、学問としてたぬきを研究されている方は少ないかもしれないが、無数に存在する動物、置物、キャラクターの中で、なぜかたぬきに魅了されてしまっている人たちのなんともいえない連帯感が存在するのだ。まるで、群れは作らないが、互いに攻撃しあうことなく平和に生活するタヌキの習性のように。

中村沙絵さんは、動物園のタヌキたちについて、その魅力と課題を語ってくれた。南宗明さんは、保護したタヌキたちと生活した貴重な経験をもとに、生活の中での彼らの姿を描写してくれた。私は信楽焼に代表される狸の置物の歴史と現在の分析結果について書いた。上保利樹さんは、狸谷山不動院に置かれた狸の置物と、その不思議な空間について紹介してくれた。萩野（文）賢一さんは、たぬきが持つイメージを考察するとともに、現在韓国に住む利点を活かし、韓国のたぬき事情を報告してくれた。そして、大平正道さんは、長年にわたって会長を務められた日本たぬき学会について振り返り、たぬき文化の本質を解説してくれた。

本書を読んでくださった皆さまには、たぬきについて多角的に掘り下げた結果を伝えることができたのではないかと思う。どの方面から掘っていっても、結局のところたぬきと人間の関わり方に行き着くのだ、ということがわかった。そしてそれは私たちが古くからたぬきと無意識につながっていたことを顕在化させることでもあった。

あらためてたぬきについて考えてみると、これほど身近で謎に満ちた存在はないだろう。もはや街角で狸の置物に出会っても、物語の中でたぬきが化けていても誰も疑問に思わない。たぬきは私たちの周りに生息している存在であると同時に、私たちが創造してきた架空の存在でもあるからだ。

本書の出版にあたり、お世話になった方々に感謝したい。編集者の山本久美子さん、取材に快く応じてくれた方々、客観的なアドバイスをくれた家族、出版を心待ちに応援してくれた、たぬき好きの皆さま。そしてなにより、この地でしぶとく生き残ってくれている魅力的なたぬきたちに感謝の気持ちを捧げる。

村田哲郎

二〇二三年三月

村田哲郎（むらた・てつろう）
一九八〇年、神奈川県に生まれる。
街角狸マニア「むらたぬき」として
街角に置かれた狸の置物を撮り集め
「#街角狸」でＳＮＳにアップしている。
世界中に散らばった狸たちを
ＳＮＳ上で一堂に集めるのが夢。
狸をテーマにしたオリジナル曲で
日本タヌキレコード大賞を三度受賞。
二〇二一年度より「日本たぬき学会」会長。

中村沙絵（なかむら・さえ）
フォトグラファー
二〇一七年頃より、
動物園で暮らす生き物たち、
保護猫カフェの猫たちを主に撮影。
二〇二三年現在、
屋号「狐狸写館」にてタヌキの写真集や
グッズを撮影・企画・制作・販売している。

南 宗明（みなみ・むねあき）
一九七三年、大阪府に生まれる。
私立高校の社会科教諭を務めるかたわら、
赤膚山元窯保存会の一員として
タヌキが暮らす赤膚山の環境保全や
窯の普及啓発活動を行なっている。

たぬきの本

里山から街角まで

二〇二三年四月二〇日初版第一刷印刷
二〇二三年四月三〇日初版第一刷発行

著者
村田《むらた》哲郎《てつろう》
中村沙絵《なかむらさえ》
南《みなみ》 宗明《むねあき》
上保《うわぼ》利樹《りき》
萩野《はぎの》（文《むん》）賢一《けんいち》

発行者
下平尾 直

発行所
株式会社 共和国
東京都東久留米市本町三―九―一―五〇三
郵便番号 二〇三―〇〇五三
電話・ファクシミリ 〇四二―四二〇―九九九七
郵便振替 〇〇一二〇―八―三六〇一九六
http://www.ed-republica.com

上保利樹（うわぼ・りき）
一九九五年、神奈川県に生まれる。
二〇一八年、慶應義塾大学文学部卒業。
二〇二一年度より、「日本たぬき学会」副会長。
現在は「けいおうタヌキ研究所」として、
SNSを中心に信楽タヌキの
情報発信活動を行なっている。

萩野（文）賢一（はぎの・むん・けんいち）
一九六三年、静岡県に生まれる。
一九九四年、韓国籍取得。
現在、韓国国立全南大学校常勤講師。
長年にわたり、
韓国の大学や官公庁で
日本語や日本文化教育に従事。
訳書に、
永川幸樹『人を切らない会社が伸びる』
（韓国語版、푸른샘출판사、二〇〇一年）など、
共著に、
일본의 지리（전남대학교출판부、二〇一七年）など
多数がある。

イラスト
加賀谷奏子（装画、第4章）
綾森けむり（コラム）
ブックデザイン
宗利淳一
DTP
木村暢恵
編集担当
山本久美子
印刷
モリモト印刷

ISBN978-4-907986-30-8 C0095